烟叶生产良好农

应用与实践

陈风雷　孙光军 等　编著

科 学 出 版 社

北 京

内 容 简 介

本书分为概论、烟叶生产管理、烟叶种植管理和专业化育苗服务等共9章。首先，对良好农业规范的概念、起源、国内外的应用及实施意义等方面进行了简要介绍。然后，结合当前烟叶生产实际，分别从烟叶生产管理者、烟叶种植户和专业化服务队的角度，提出在烟叶生产过程中应该如何进行操作和管理，才能最大限度地保障优质烟叶原料的稳定供应，并在充分彰显烟叶质量特色和品质安全的同时，关注员工的健康安全和生产环境。从而寻求烟叶生产、环境保护和员工福利之间的动态平衡，促进烟叶生产的可持续发展，全面满足良好农业规范的要求。

本书内容全面、图文并茂、通俗易懂、可操作性强，是烟叶生产管理者、基层技术指导人员、烟农专业合作社和广大烟农在烟叶生产过程中实施良好农业规范种植和管理的指导用书。

图书在版编目（CIP）数据

烟叶生产良好农业规范应用与实践/陈风雷，孙光军等编著. —北京：科学出版社，2014.11

ISBN 978-7-03-041493-9

I. ①烟… II. ①陈… ②孙… III. ①烟草–栽培技术–技术 ②烟草加工–技术规范 IV. ①S572-65 ②TS45-65

中国版本图书馆 CIP 数据核字（2014）第 171688 号

责任编辑：陈岭啸 孙天任 刘海涛 / 责任校对：赵桂芬
责任印制：赵 博 / 封面设计：许 瑞

科学出版社 出版

北京东黄城根北街 16 号
邮政编码：100717
http://www.sciencep.com

中国科学院印刷厂印刷

科学出版社发行 各地新华书店经销

*

2014 年 11 月第 一 版 开本：880 × 1230 1/32
2015 年 4 月第三次印刷 印张：6 1/8
字数：192 000

定价：48.00 元

（如有印装质量问题，我社负责调换）

《烟叶生产良好农业规范应用与实践》
编辑委员会

序

良好农业规范（good agricultural practices，GAP）是当今世界最新的农业生产管理理念，是一种负责任的农业生产管理体系，是发达国家普遍采用和备受推崇的管理模式。烟叶生产是农业生产的一部分，在烟叶生产上实施 GAP 管理，是烟草行业以一种负责任的生产方式，切实履行社会责任的具体表现。

随着人们对吸烟与健康问题的持续关注，烟草工业为满足消费者对烟草制品安全性的需求，对烟叶原料的要求不仅仅局限于成熟度好、可用性强、化学成分协调、香气质量好等常规指标，还将对烟叶质量的安全性、年度间的品质稳定性等方面提出更加严格的要求。这样一来，就对烟叶生产和管理提出了更高的要求。

烟草 GAP，它要求我们在烟叶生产与环境保护之间寻求一种良好平衡，在生产优质烟叶的同时，还致力于对土壤、水源和空气等环境及生物多样性的保护，并为烟农和所有从事烟叶生产人员提供安全的工作环境，在确保烟叶生产可持续发展的前提下，采取一系列优质、高效、生态、安全的生产技术措施生产优质烟叶，满足烟叶种植者增加收入的要求，满足工业企业对优质原料的需求和满足消费者对卷烟制品安全性的要求。

近几年，贵州烟草商业的同志们立足贵州烟草实际，积极探索 GAP 在烟叶生产中的应用，在所有现代烟草农业基地单元内将良好农业规范与现代烟草农业有机结合起来，同规划、同实施、同推进、同发展，取得了丰富的实践经验，经总结汇编成该书，值得其他产区借鉴和学习。

前　　言

随着我国城镇化进程和农村产业结构调整步伐的加快，农村青壮年劳动力向城市转移，从事烟叶生产的农民逐年减少、户均种植规模逐年加大，已成为不可逆转的趋势。近年来，贵州烟草为保障优质烟叶原料的稳定供应，充分彰显烟叶质量特色和品质安全，通过与具有指导实施良好农业规范实践经验和认证资质的环境保护部南京环境科学研究所开展项目合作，引进良好农业规范的理念组织烟叶生产。项目以现代烟草农业基地单元建设为契机，以烟农专业合作社为平台，以专业化服务为抓手，将良好农业规范与现代烟叶生产有机结合起来，同规划、同实施、同推进、同发展。

随着合作社建设的深入推进，烟叶生产的专业化服务环节不断扩展，服务内容不断增加，烟叶生产中良好农业规范的内涵更加丰富。目前，在有机肥积制、集约化育苗、机械化作业、病虫害统防统治、采收烘烤、分级等主要生产环节全面开展专业化服务，基本实现了两头工场化、中间专业化的烟叶业务运行模式，以烟为主的种植专业户和家庭农场应运而生。以规模化种植、专业化服务、集约化经营、信息化管理为主要特征的现代烟叶生产方式，为烟叶生产过程中全面推行良好农业规范创造了条件。良好农业规范的全面推行，不仅大大降低了烟农种植烟叶的技术复杂程度，减轻了劳动强度，实现了减工降本，增加了种烟收益；还对推进烟区和谐、烟田保护，提升烟叶队伍的生产管理水平，更好地保障烟叶品质安全和质量稳定，满足工业企业的原料需求奠定了基础。

在本书编写过程中，各产区公司给予了大力支持，提供了很多很好的图片进行筛选。由于图片来源较广，恕不在此逐一列出，一并致谢！

由于编者对良好农业规范认识的局限，不当和遗漏之处在所难免，敬请各位专家和读者批评指正！

编　者

2014 年 9 月

目　　录

第一章 概　　论

第一节　良好农业规范概论

一、良好农业规范的定义

从广义上讲，良好农业规范（good agricultural practices，GAP）是一种适用方法和体系，通过经济的、环境的和社会的可持续发展措施，来保障食品安全和食品质量。

从狭义而言，良好农业规范，是一套针对农产品生产（包括作物种植、畜禽养殖、水产养殖和蜜蜂养殖等）的操作标准，是提高农产品生产基地质量安全管理水平的有效手段和工具。

GAP 关注农产品种植、养殖、采收、清洗包装、储藏和运输过程中有害物质和有害生物的控制及其保障能力，在重点保障农产品质量安全的同时，还关注生态环境、动物福利和员工健康等方面。

二、良好农业规范的起源

1985 年 4 月，医学家们在英国发现了牛脑海绵状病（bovine spongiform encephalopathy，BSE），俗称"疯牛病"。该病造成千万头牛神经错乱、痴呆、不久死亡。疯牛病迅速蔓延，不到 10 年时间，危害已波及全欧洲。由于食用感染 BSE 的牛肉，容易引起人类神经性疾病，所以人们个个"谈牛色变"，甚至被迫改变了饮食习惯，对社会经济产生巨大影响，导致生产者和零售商在该事件中蒙受了巨大的损失。这就是当年令人恐慌的"欧洲疯牛病"事件。于是，零售商们开始认真思考在农产品种植和生产加工的各个环节中如何确保产品质量的问题，并倡议由 22 家大型欧洲连锁零售商组成的欧洲零售商产品工作组（Euro-retailer produce working group，

EUREP），组织零售商、农产品供应商和生产者共同制定针对农产品种植和生产加工各个环节的产品认证标准，即欧盟良好农业规范（EUREPGAP）。该标准于 1997 年正式诞生，并作为对农产品安全的一种商业保证，开始在相关行业推行。

1999 年初，比利时一家生产家禽和牲畜饲料添加物的工厂，其部分产品掺入被二噁英严重污染的废机油。而受污染的动物饲料又供给了比利时、法国、荷兰和德国等 10 多家饲料工厂，这些厂又把污染的饲料卖给数以千计的饲养场，导致全欧洲畜禽、乳制品及千万种衍生食品含有使人类致癌的高浓度二噁英，造成了公众对食品安全的忧虑和恐慌。事件曝光后，世界各国拒绝进口相关产品，对欧洲经济造成巨大的冲击，引起欧洲及世界各国政府相关部门的高度重视，加快了 EUREPGAP 在世界各地的推动步伐。随着 EUREPGAP 标准在全球的影响力不断扩大，2007 年 9 月，在曼谷 EUREPGAP 第八次年会上，该规范改名为全球良好农业规范（GlobalGAP）。目前，GAP 认证已经被世界范围的 61 个国家的 24000 多家农产品生产者所接受，而且现在更多的生产商正在加入此行列。

三、良好农业规范的主要内容及基本要求

良好农业规范的内容归纳起来主要涉及 3 个方面的要求，分别是质量安全、环境管理和社会责任及动物福利。以认证范围最广泛的蔬菜和水果认证为例，主要包括了 14 个基本要素：溯源性、记录保存与内部检查、品种与根苗、地块历史及管理、土壤管理、肥料使用、灌溉、作物保护、收获、收获后处理、废弃物及污染管理、员工健康安全福利、环境事宜、投诉。其他农产品认证的基本内容大致围绕以上要素展开。

在质量安全方面，GAP 建立在 HACCP（危害分析关键控制点）、IPM（有害生物综合治理）和 ICM（农作物综合管理）基础之上，将 HACCP 的基本原则结合农产品的生产特点，灵活运用于农产品的生产过程。通过生产过程的危害分析，确定农产品生产的控制点，建立起与每个控制点（CP）相对应的遵守标准，并执行内部和外部审核以确保农产品的质

量安全。

在环境管理方面，GAP 一方面通过对农产品生产环境的要求来保证产品质量，例如，对果园种植环境的要求，水产品的养殖及卫生状况的要求等；另一方面，通过废料和污染管理以及再循环与回收，对肥料、农药和兽药管理，环境事宜、能源使用、野生动物保护政策和措施等，以尽可能减少农业生产对环境产生的负面影响，并最终实现可持续发展。

在社会责任及动物福利方面，GAP 重视员工福利，将职业健康与安全、培训、救助设施的提供等作为确保安全操作的基本要求，同时要求提高农民在生产方面的能力建设。除了关注人类福利外，GAP 在水产等标准中还加入了动物福利的内容。主要体现在动物健康、动物居住条件及设施和卫生状况、防疫、疾病预防及为动物提供足够的活动空间等方面。

四、实施良好农业规范的意义

农产品作为食品链的最上游，安全性至关重要。GAP 已被世界各国广泛应用于农业生产活动中。实施 GAP 的意义主要体现在以下几个方面：

（1）实施 GAP 管理，可以从根本上控制产业链源头的污染风险。GAP 要求初级农产品在种植、养殖过程中要全面实施科学、系统、标准化的管理，从操作层面一一落实，不但从总体上把握了植保、肥料等投入品的操作原则，还细分至大田作物、果蔬、牛羊等初级农产品的各个生产环节。此外，GAP 还强调生产的可追溯性。通过建立并完善企业的可追溯体系，能快速有效地对突发情况进行验证和核实，从而有效地降低了源头上非安全事件发生的概率。

（2）GAP 可以加快农业标准化、现代化进程。当前，我国农业和农村经济恰逢全面推进结构战略性调整的新阶段。而 GAP 已然成为国际通行的农业生产管理方式，从农场基础，作物和畜禽基础，到具体模块的各个生产环节，以及员工福利和环境保护等多个方面，都有详细的监管控制点要求和符合性规定。通过借鉴这一先进管理方式，可以在一定程度上优化农业生产组织形式，有的放矢地进行监管和控制，提高农业生产标准化水平，推动现代农业快速发展。

（3）GAP 将有利于应对国际贸易壁垒。GAP 认证已成为进入欧洲零售市场及国际市场的通行证。2009 年，ChinaGAP 认证已经取得了与全球良好农业规范（GlobalGAP）的互认，获得 ChinaGAP 一级认证证书可与GlobalGAP 直接进行互认，为出口贸易取得了通行证。通过不断推动和实施 GAP 管理和认证，我国农产品在国际市场上的竞争力大大增强，促进了出口创汇和农民收入的稳步提升。

（4）实施 GAP 有利于农业的可持续发展。通过实施 GAP，有利于增强生产者和管理者的安全意识和环保意识。在保障农产品产量和质量的同时，又关注了员工的健康和安全，从而寻求到一种农业生产、环境保护和员工福利之间的动态平衡，促进农业可持续发展。

第二节　良好农业规范的应用

一、在国外的应用

GAP 自诞生以来一直保持着强劲的发展势头，现已作为大型超市采购农产品的评价标准和准入证。下面简要介绍几个应用最早、推行力度最大、实施效果最好的发达国家有关 GAP 的相关情况。

（一）在欧盟的应用

GlobalGAP 在控制食品安全危害的同时，兼顾了可持续发展的要求，以及区域文化和法律法规的要求。由于其覆盖产品种类较全、标准体系较为完整、成熟，GlobalGAP 已获得全球大部分零售商的认可。因此，欧盟以及国际上许多大型采购商将通过 GlobalGAP 认证作为农产品供应商的准入条件。如荷兰超市从 2004 年 1 月 1 日起不再采购未经认证的某些农产品。2004 年底，该标准已经由起初的新鲜水果和蔬菜模块，扩展到包括鲜花及观赏植物、谷物、禽类和畜产品以及水产品和咖啡的认证。到2014 年为止，其认证范围已覆盖了作物、家畜家禽、水产、动物饲料和繁殖材料共 5 大产品类型的模块。

（二）在美国的应用

美国 GAP 认证范围的主要对象是新鲜水果和蔬菜的生产商、包装商和运输商。1998 年 10 月 26 日，美国食品药品监督管理局（Food and Drug Administration，FDA）和美国农业部（United States Department of Agriculture，USDA）联合发布了《关于降低新鲜水果与蔬菜微生物危害的企业指南》，首次提出良好农业规范（GAP）概念。在该指南中，GAP 主要针对未加工或只经过最简单加工（生的）就出售给消费者的或加工企业的大多数果蔬的种植、采收、清洗、摆放、包装和运输过程中常见微生物的危害控制，主要关注新鲜果蔬从农场到餐桌整个食品链所有环节的生产和包装的控制措施。

FDA 和 USDA 对相关企业是否采用 GAP 管理采取自愿的原则，但强烈建议鲜果蔬生产者采用。其中主要针对的是控制食品安全危害中的微生物污染造成的危害，并未涉及具体农药残留造成危害的识别和控制。

目前，美国 GAP 认证还是属于企业自愿性行为，认证机构由美国农业部牵头，各州的农业部门参与协作。GAP 认证范围包括一系列涉及食品安全的领域和环节，如员工卫生、收获和包装操作、生产用水的质量、粪便和废物管理、产品的可追溯性等。

（三）在澳大利亚的应用

2000 年，澳大利亚农林渔业部的安全质量体系工作组制定了《农场新鲜农产品食品安全指南》，这是一部指导农民生产符合食品安全要求的新鲜农产品的技术性生产规范，相当于根据本国国情对 EUREPGAP 的全新改良，并延伸创立了新鲜农产品放心认证（Freshcare）。该指南可操作性强，主要是运用判断树（decision tree）的方式对蔬菜生产过程中农作物种植、就地包装和速冻加工中的重金属、肥料、水和土壤中农药进行危害识别和评价，建立针对食品安全危害的控制措施。

目前，澳大利亚有 4000 多家种植业者通过了 Freshcare 认证，而且正以每年 1200 家的数量增长。自愿加入 Freshcare 系统的农场主，只需要每年定期接受农药和微生物等方面的审查，产品销售顺畅都有良好的保证，在一定程度上确保了新鲜蔬菜生产过程中的食品安全检查和实施食品安全方案的一致性。

（四）在加拿大的应用

加拿大的 GAP，是在加拿大农田商业管理委员会的资助下，由加拿大农业联盟会同国内畜禽协会及农业和农产品官员等共同协作，采用 HACCP 体系（危害分析关键控制点，hazard analysis critical control point，HACCP），建立的农田食品安全操守。

目前，加拿大食品检验局的食品植物产地分局发布了初加工的即食蔬菜操作规范。该规范主要是利用 HACCP 体系，对蔬菜种植土壤的使用、天然肥料使用管理、农业用水管理、农业化学物质管理、员工卫生管理、收获管理和运输及储存管理等过程危害进行识别和控制，以降低即食蔬菜的安全危害，确保蔬菜食品的安全。

二、在国内的应用

（一）ChinaGAP 发展历程及现状

1. ChinaGAP 发展历程

为进一步提高农产品安全控制、动植物疫病防治、生态和环境保护、动物福利、职业健康等方面的保障能力，使我国农产品种养殖企业能够适应国际良好农业规范认证活动，2004 年下半年由国家认证认可监督管理委员会（Certification and Accreditation Administration of the People's Republic of China，CNCA）牵头组织我国农产品专家起草 ChinaGAP 国家标准。该标准根据 EUREPGAP 标准制定，同时充分结合了中国国情，并考虑了与 EUREPGAP 组织的互认。

标准起草组经过近一年的准备，在 2005 年 5 月完成了对 ChinaGAP 标准通则和各个模块的制定工作。2005 年 11 月 ChinaGAP 认证系列标准通过审定并公布，同年，CNCA 与 EUREPGAP/FOODPLUS 签署合作备忘录，为双方加强在良好农业规范领域的合作奠定了良好的基础。2006年1月CNCA公布了《良好农业规范认证实施规则（试行）》。2007年，中国合格评定国家认可委员会（CNAS）授予了3家认证机构GAP认证认可资格，标志着中国开展良好农业规范认证的正式开始。

2. ChinaGAP发展现状

现如今，ChinaGAP已从最初的11个标准，扩展到包括烟叶模块在内的共27项标准。据中国食品农产品认证信息系统网（http://www.cnca.gov.cn/cnca/spncp/sy/）公布数据可知：截至2014年7月4日，全国ChinaGAP有效证书数量共619张，分布于全国29个省、市和自治区。江苏、浙江和福建的GAP认证证书数分别为87张、72张和72张，位居前列。其中，畜禽和果蔬产品证书数量明显占优势，在一定程度上反映了我国畜禽和果蔬类生产企业的标准化需求和规范程度相对其他企业较高。

另外，中国食品农产品认证信息系统网数据显示：同期获得中国有机认证的证书数量为11126张，是ChinaGAP的17倍。数据的悬殊充分反映了ChinaGAP的发展还处于起步阶段，其市场需求相对于推动了20年的有机产品认证还很小，面对未来将具有更大的潜在发展空间。

3. 对ChinaGAP发展的思考

在中国农业发展的现阶段，推动GAP的工作任重而道远。近年来，众多食品安全事件发生，不该只引发消费者的担忧和企业的倒闭，而应该催生出一批敢于探索，勇于创新，善于思考的"领头羊"，大胆对最适宜当前形势的ChinaGAP理念进行尝试，树立一块中国农产品生产领域信得过的旗帜。因而，如何推动和发展ChinaGAP则是现阶段最值得思考的问题。

相比其他农产品认证而言，GAP认证所需要的条件相对严格，技术要求更加系统，对人员素质，管理水平，风险把控等各类资源的要求也更加详细和具体。大多数生产企业在贸易方的要求下，直接申请相应国的GAP认证，如出口欧盟，则直接申请GlobalGAP认证。因此，在缺乏市场驱动的情况下，只有较少生产企业自觉尝试以ChinaGAP的理念和标准规范生产，提升管理水平，以期确保产品质量。

因此，国家及各个部门也应该鼓励和支持真正有诉求的生产者，共同唤起全人类的品质意识、环保意识和安全意识，从根本上实现和推动中国农业的可持续发展。

（二）ChinaGAP 标准的特点

ChinaGAP 是结合中国国情、根据中国的法律法规、参照 EUREPGAP《良好农业规范综合农场保证控制点与符合性规范》制定的规范性标准。ChinaGAP 认证审核方式为评比符合性的百分数。认证分为一级认证（图 1.1（a））和二级认证（图 1.1（b））两个级别。这是与其他国家 GAP 标准最大的区别之处。

(a) 一级认证标志　　　　　　(b) 二级认证标志

图 1.1　ChinaGAP 认证标志

一级认证：满足适用模块中所有适用的一级控制点要求，并且在所有适用模块（包括适用的基础模块）中，应至少符合每个单个模块适用的二级控制点数量的 95% 的要求；所有产品均不设定三级控制点的最低符合百分比。一级认证的要求符合 GlobalGAP 的认证标准。

二级认证的要求相对宽松，一级控制点的符合百分比只要达到总数的95%；二级控制点和三级控制点的最低符合百分比不作要求。

（三）ChinaGAP 的认证程序

中国 GAP 认证程序一般包括认证申请和受理、检查准备与实施、合格评定和认证的批准、监督与管理这些主要流程。

首先，申请人要根据自身要求甄选最适合的认证机构。其中，通过中国食品农产品认证信息系统进行信息搜集，是比较简单有效的方法（图1.2）。关键要确认认证机构是否在有效运行，并具有良好农业规范认证资质和相应模块的业务范围。然后，通过主页查看、同行沟通或电话咨询等多种渠道，综合认证机构在业内的信誉、效率、收费及地理位置等多种因素，确定最适合的认证机构。

图 1.2 中国食品农产品认证信息系统截图

其次，申请人应与认证机构充分沟通，提出认证申请，按照要求填写并完善申请资料。应与认证机构签订认证合同，获得认证机构授予的认证申请注册号码，并缴纳相关认证费用。认证机构会委派有资质的 GAP 检查员通过现场检查和审核所适用的控制点的符合性，并完成检查报告。当认证机构在完成对检查报告、文件化的纠正措施或跟踪评价结果评审后，做出是否颁发证书的决定。

最后，申请人获得认证机构的颁证决议，合格者则获得中国良好农业规范认证证书。

（四）ChinaGAP 与中药材 GAP 的主要区别

在 ChinaGAP 发展初期，经常有人误以为 ChinaGAP 与中药材 GAP 认证是一回事。其实，两者发起时间、监管部门以及标准体系完全不同。

（1）中药材 GAP 的起步要早于 ChinaGAP。在中药行业，中药材 GAP 称为"中药材生产质量管理规范"。它于 2002 年 3 月 18 日经国家食品药品监督管理局局务会审议通过，并于 2002 年 6 月 1 日施行。而 ChinaGAP 标准在 2005 年由国家质量监督检验检疫总局、国家标准化管理委员会联合发布。中药材 GAP 是我国中药制药企业实施 GMP 管理（产品生产质量管理规范，good manufacturing practice）的重要配套工程，是药学和农学结合的产物。

（2）监管和认证主体不同。中药材 GAP 认证，由国家食品药品监督管理总局（原国家食品药品监督管理局）负责监管，并由该局认证中心实施认证；而 ChinaGAP 认证，CNCA 负责监管工作，由申请者从获得国家批准从事 ChinaGAP 认证的多家认证机构中选择一家进行认证。

（3）认证范围不同。中药材 GAP 主要针对中药材实施认证；而 ChinaGAP 的认证范围相对较广，主要针对农作物、畜禽、水产等农产品实施认证。不过，鉴于有些农产品也兼具药材的特性，因此，有少量农产品也属于中药材 GAP 的认证范围。

（4）标准体系不同。ChinaGAP 采取国际通用的模块化格式进行标准体系的制定和实施：如烟叶申请认证时，需按照"农场基础控制点和符合性规范"，"作物基础控制点和符合性规范"，"烟叶控制点和符合性规范"三个标准共同结合使用；而中药材 GAP 以常规规范体系进行制定和实施。

当然，两者也有共同的特点：一是都属于自愿性认证；二是目的都在于规范生产的全过程，从源头上控制产品质量，并与国际接轨；三是都具有推进规范化种植和保证产品质量的要求，均涉及从种植资源选择、种植地选择一直到播种、田间管理、采购、包装运输以及入库整个过程的规范化管理。

（五）ChinaGAP 在烟草上的应用

中国烟草 GAP 的发展，以 2003 年陆良县烟草公司与德孟（DIMON）国际烟草有限公司合作为标志，掀开了中国烟草 GAP 发展的序幕。陆良县烟草公司在该县常旗堡和方家屯两地与德孟公司共同完成了 167 公顷优质烟叶生产的合作项目，引入 GAP 管理模式，目的是扩大中国烟叶销售渠道，走出国门进入国际市场获取外汇收入。2004 年，德孟公司为了获取更多的高品质烟叶，把烟草 GAP 的管理模式推行到曲靖、大理、保山、普洱 4 个地（市）州。同年，贵州省也在遵义市的凤冈县开始了烟叶生产 GAP 管理的试点探索。

2005 年,中华人民共和国国家标准《良好农业规范(GB\T20014.1-20014. 11-2005)》发布,立即引起烟草行业高层的关注。虽然标准中并没有烟草标准模块,但在一定程度上为发展烟草 GAP 起到了催化作用。正是基于这种理念上的认同和生产标准化的共识,中国烟草总公司在云南曲靖、贵州遵义、福建南平、湖南郴州等产区开展烟草 GAP 研究项目——《烟叶质量管理体系》的试点工作,以提高烟叶品质为目的,重点建立和完善烟叶质量的追溯体系。同年,中国正式签署了《烟草控制框架公约》。

2007 年国家烟草专卖局《关于发展现代烟草农业的指导意见》中强调"推行标准化生产和管理,积极实施良好农业操作规范,推广应用 GAP 生产和管理模式",推动烟叶生产和管理向规范化、标准化方向发展。《关于发展现代烟草农业的指导意见》在促进和推动 GAP 发展的道路上具有决定性作用,在此以后,按照 GAP 方式进行管理的烟草生产单位越来越多,以提高烟草品质为中心的中国烟草 GAP 推广应用工作也全面启动。

2009 年,各烟叶产区将菲莫国际烟草公司制定的《烟草 GAP 基地验收检查评定标准》,作为检查烟草 GAP 工作考核的参考标准,开启了检查认证工作的前奏。相关 GAP 认证机构分别以茶叶或蔬菜模块为参照开展烟草 GAP 认证工作。

2010 年开始,作为中国主要产烟大省的烟草公司,贵州省烟草公司和云南省烟草公司都与高校及科研院所合力开展烟草 GAP 的研究工作。如 2010 年底,贵州省烟草公司正式与环保部南京环境科学研究所开展合作,共同启动"贵州省烤烟 GAP 生产研究和推广示范"项目。项目根据贵州烟叶生产的特点,在多年生产实践的基础上,共同研发和制定"贵州省烟叶控制点与符合性规范",建立包括育苗、植物保护在内的一系列专业化服务规范,并在遵义市和毕节市选择典型基地单元,大胆按照 ChinaGAP 理念进行尝试和推进烤烟 GAP 生产,并于 2013 年顺利通过南京国环有机产品认证中心的 GAP 模拟认证。同时,在全省范围内所有现代烟草农业基地单元和特色优质烟叶基地单元全面推行 GAP 生产。

2011 年全国烟叶工作座谈会上,国家烟草专卖局明确提出将烟草 GAP 作为 2012 年烟叶生产重点工作内容,并要求安排试点,加强 GAP 推行力度。

2012 年 3 月，中国烟草公司从各省上报拟开展烟草 GAP 试点的基地单元中筛选云南省曲靖市罗平县的罗雄、普洱市宁洱县的勐先和贵州省遵义市遵义县的鸭溪、毕节市威宁县的秀水等 19 个典型基地单元进行试点示范，提出力争用两年时间，通过试点、示范、集成，建立一整套烟草 GAP 推广体系和认证标准。同时，综合考虑烟草 GAP 与测土配方施肥工作的重合度，为突出系统性和集成性，一并安排 17 个基地单元开展测土配方施肥试点。并要求各试点单位严格按中国烟草公司统一印发的《烟草良好农业操作规范》（试行稿）和《烟草良好农业操作实施细则》（试行稿）执行。

2014 年 6 月 22 日，国家认监委正式出台了 ChinaGAP 第 26 号标准《烟叶控制点与符合性规范》，预示着未来烟草 GAP 认证工作正式启动。ChinaGAP 生产管理模式将改变我国烟草传统的生产管理方式，在前期研究和推动的基础上，将来烟草 GAP 发展的前景会更加光明，也将为我国烟草未来的发展提供强大的动力，提高我国烟草在国际市场的竞争力。

第三节　国际烟草商 GAP 主要关注点

吸烟与健康问题已日益引起人们的关注。早在 20 世纪 50 年代初，英国皇家医学会就公开提出吸烟有害健康，50 年代末，美国卫生署和英国皇家医学会都发表公告认为吸烟过量是产生肺癌的病因之一。从此，从未间断过的小规模的反吸烟运动开始演变为世界范围的禁烟浪潮。进入 20 世纪 90 年代，禁烟呼声日益高涨，世界烟草业的发展已到了事关存亡的关键时期。为了自身的生存发展和对人类的健康负责，各国都积极对吸烟与健康问题开展了广泛的研究。烟叶和烟气中的一些有害成分，更加引起各国科学家们的极大关注。

菲莫国际和联一国际等国际烟草商最关注的是在当前国际上严控烟草及其制品的情况下如何避免招惹不必要的纠葛，如童工、农药残留、重金属、烟草特有亚硝酸铵（tobacco-specific nitrosamines，TSNA）、转基因、非烟物质（non tobacco related matter，NTRM）、农业劳工规范以及环境保护等在烟叶生产过程中产生的负面影响。归纳起来主要是涉及 3 个大方面——消费者的吸食安全，烟草从业者的安全及生产过程中对自然环境的冲击和影响。而这些影响因子均可通过良好农业操作规范（GAP）予以避免或降到最低。

一、消费者的吸食安全

随着经济社会的发展，科学技术的进步，人们健康意识的增强以及世界范围内一浪高过一浪的禁烟浪潮，烟民（包括中国烟民）越来越关注自己抽的烟卷里面到底含有什么，危害大不大。这些影响因素主要包括转基因、农药残留、重金属、烟草特有亚硝酸铵（TSNA）和非烟物质（NTRM）等。

（一）转基因

据国际农业生物技术应用服务组织（International Service for the Acquisition of Agribiotech Applications，ISAAA）在转基因作物年度报告，2011年全球转基因作物种植面积新增 1200 万公顷，比 2010 年增长 8%，其中发展中国家增长 11%，而发达国家增长 5%。全球转基因作物种植面积从1996 年的 170 万公顷猛增到 2011 年的 1.6 亿公顷，增幅近 100 倍。目前共有 29 个国家正在种植转基因作物，处于前 10 位的国家种植转基因作物的面积均在 100 万公顷以上。ISAAA 预测，到 2015 年，全世界种植转基因作物的国家数将增加到 40 个，种植面积也将增加到约 2 亿公顷。但转基因到底对人体有何影响？对生物安全有何影响？至今仍无定论。

近年跨国烟企遭受不少诉讼，在转基因产品还无定论的情况下，他们还是不敢铤而走险使用转基因烟草。一般加工原烟成品发现转基因阳性，均退货。菲莫国际烟草公司的一般 GAP 评估条款见表 1.1。

表 1.1　关于品种管理与诚信度的 GAP 评估条款

评估条款	重要度
推广使用经过了纯度、发芽率和低转化株测试的种子。供应商有文件证明并和烟农就生产措施和目标进行交流（%烟农遵照指导）	极重要
鼓励使用经过转基因测试的非转基因种子。供应商有文件证明并和烟农就生产措施和目标进行交流（%烟农遵照指导）	极重要
根据品种的品质、产量及抗病性选择和使用品种。供应商有文件证明并和烟农就生产措施和目标进行交流（%烟农遵照指导）	极重要
追踪种子的流通过程至每个种植者。供应商有文件证明并和烟农就生产措施和目标进行交流（%烟农遵照指导）	极重要

（二）农药残留

农药残留问题已经越来越多地出现在人们的视野中，人们不得不关注自己身边的食品安全相关问题。甚至种植管理过程中不用农药，成品中也可能发现或多或少的不同农药残留；这就牵涉到农残指导水平的问题，也就是常说的 GRL（农药指导残留水平）或 MRL（农药最高残留限量）。大的卷烟商均有自己根据 CORESTA 文件制定的农药残留限量指标。国内工业企业现在还没有形成自己的农药残留指标。农药残留和有害生物综合治理（IPM）休戚相关——这其中病虫害调查和经济阈值的设立是关键。良好的、积极的、有效的有害生物综合治理（IPM）体系是控制农药残留的根本。GAP 指导原则要求进行病虫害调查，并设立经济阈值，达到经济阈值后才使用烟草注册的、低风险农药。菲莫国际烟草公司的一般 GAP 评估条款见表1.2。

表 1.2　关于农药残留控制的 GAP 评估条款

评估条款	重要度
建立有效的技术指南来识别害虫、病害和有益生物。供应商有相应的文件并把技术指导和目标分发给烟农（%烟农收到有效的技术指导）	极重要
推广应用大田病虫害监测与调查。供应商有文件证明并把合适的措施和目标传达给烟农（%烟农遵照指导）	极重要
推广应用适宜的虫害防治经济阈值指标确定是否及何时使用农药。供应商有文件证明并和烟农就生产措施和目标进行交流（%烟农遵照指导）	极重要
推广使用有效生物农药及有益生物。供应商有文件证明并和烟农就生产措施和目标进行交流（%烟农遵照指导）	极重要
建立一个农药推荐使用目录，并将其发给烟农。供应商在和烟农签订的种植合同中应包含仅使用推荐农药的义务项（%烟农签订有农药义务项的合同）	极重要
推广正确使用农药，在农药使用剂量、时间、方法方面应依照产品标签说明并注意再次进入安全间隔期和采收最短间隔。供应商有文件证明并和烟农就生产措施和目标进行交流（%烟农遵照指导）	极重要

（三）重金属

重金属污染案例层出不穷。国际控烟组织的科研报告显示，13 个来自中国的卷烟品牌检测出铅、镉等重金属含量偏高，与加拿大产香烟相比，最高超出 3 倍以上。目前国内外尚未有烟草重金属含量卫生标准，此报告虽不妥，但重金属含量报告已引起多方关注。如今环境中重金属污染日益严重，在烟草中发现重金属并非意料之外。

烟叶中重金属含量受到产烟区重金属环境的影响，包括产烟区大气、降水、地表水及土壤中重金属含量等。烟叶种植中重金属的来源主要有种子、农药、化肥、农家肥等。

除了烟叶中含有的重金属外，卷烟在加工过程中也会引入重金属的污染物，如加工过程中使用的香精、香料及机械接触等。此外，不同的加工工艺也会影响卷烟成品中重金属的最终含量。因此测试报告商业上应包括土壤和成品烟 2 项。国际卷烟商已开始设定标准。

（四）烟草特有亚硝酸铵（TSNA）

目前普遍认为 TSNA 在鲜烟叶中很少或几乎不产生，其形成与积累是在采收后产生的，而且大部分是产生于调制期间。烟叶作为一种工业原料，需要进行调制加工后才能应用于工业生产。同时它又是一种农产品，许多性状指标不可避免地要受到农艺方面的影响。因此，降低烟叶中的 TSNA 需要从工业和农业两方面着手，具体有以下几个措施。

（1）适量施氮肥控制烟叶中硝酸盐含量。

（2）通过遗传改良选育低 TSNA 含量的烟草品种。

（3）适当的调制方式可以大量降低烟叶中的 TSNA。

国际卷烟商已着手制定 TSNA 含量指导水平。菲莫国际烟草公司的一般 GAP 评估条款见表 1.3。

表 1.3　关于 TSNA 含量控制的 GAP 评估条款

评估条款	重要度
推广应用减少烟草特有亚硝酸铵的措施，如使用热交换器、低转化株种子以及采用水分控制措施。供应商有文件证明并把指导和目标传达给烟农（%烟农遵照指导）	极重要

（五）非烟物质

非烟物质是指不属于烟叶和烟梗的所有物质，经过不同途径进入烟叶产品，造成烟叶污染或给烟叶带来异味，而影响烟叶产品质量。主要包括有机物类（植物茎秆、杂草、树皮等）、无机物类（绳、石头、金属、玻璃等）、人工合成物类（塑料薄膜、塑料包装物、尼龙、橡胶制品等）等。控制非烟物质是 GAP 管理的一项重要内容，是保证烟叶商品质量、提高烟叶使用价值和商品信誉度的重要工作，必须从烟叶大田管理、采收、绑烟、烘烤、分级、扎把、堆放、包装、交售、仓储等各个环节认真做起，严格控制。对于非烟物质已引起国际卷烟商的高度重视。例如，每烟箱片检发现 2 根塑料绳就会退货。菲莫国际烟草公司的一般 GAP 评估条款见表 1.4。

表 1.4　关于非烟物质控制的 GAP 评估条款

评估条款	重要度
依照菲莫公司防止非烟物质指南，推动减少非烟物质的计划 a）在种植前。供应商有文件证明并把指导和目标传达给烟农（%烟农遵照指导）	极重要
依照菲莫公司防止非烟物质指南，推动减少非烟物质的计划 b）在作物生长、采收、调制和分级的过程中。供应商有文件证明并把指导和目标传达给烟农（%烟农遵照指导）	极重要
依照菲莫公司防止非烟物质指南，推动减少非烟物质的计划 c）在收购站点。供应商有文件证明并把指导和目标传达给烟农（%烟农遵照指导）	极重要

二、烟草从业者的安全

随着生产种植的规模提高，雇工现象越来越普遍。如何规范生产中的雇工，也将成为烟叶生产中规避各种潜在风险的重要工作。近年来，第三方机构在个别跨国企业发现使用童工及各种形式的虐待现象。因此，童工及用工规范同样是 GAP 重点关注的重要内容，其目标是消除在烟叶生产链中涉及的劳动力虐待，包括童工、收入与工作时间、公平待遇、强迫使用劳工、工作环境的安全性和自由结社等。菲莫国际烟草公司的一般 GAP 评估条款见表 1.5。

表 1.5 关于从业人员保护的 GAP 评估条款

评估条款	重要度
禁止使用非法童工进行农田劳作。供应商与烟农所签合同中含有此条款	极重要
农忙时节，采取随机突访农户的方式来确定是否遵守童工规定（随机突访%烟农）	极重要
采用随机突访农户的方式来检查是否有效、高水平地实施反童工措施（%受访烟农在烟草种植时期遵守此条款）	极重要
确认烟农家未成年人整个学龄期都能就学。供应商有相关和可靠的调查文件来确认烟草或其他作物种植社区的学龄期未成年人就学问题（%受访未成年人整个学龄期就学）	极重要
遵从童工管理规定，农民必须确认在其土地上工作的非家庭成员的年龄。供应商有相应的文件记录检查结果（%烟农遵从此条款）	极重要
支持有意义的计划，消除非法童工及危害青年农民的活动，鼓励/支持就学。供应商有文件记录参与的活动（参与程度）	极重要
支持在农村社区进行有意义的社区服务计划（如学校捐赠、赈灾、饮用水或其他项目）。供应商有相应的文件记录检查结果（%烟农遵从此条款）	重要
推广使用农户家中农药安全存放设施。供应商有文件证明并和烟农就操作措施和目标进行交流（%烟农遵照指导）	极重要
推广使用农药使用人员个人保护装置。供应商有文件证明并和烟农就操作措施和目标进行交流（%烟农遵照指导）	极重要

三、生产过程中对自然环境的冲击和影响

这也是 GAP 的重要组分部分，包括土壤、水资源、空气以及废物回收等方面，主要评估项目如下。

（1）提高烘烤效率，使用生物可替代能源以减少碳排放。

（2）苗床使用后肥水收集处理办法。

（3）防止水土流失的保护性栽培，如采用梯田、等高线种植等栽培方式。

（4）大田平衡施肥，注重营养平衡。

（5）科学施用农药及农药的管理。

（6）生产过程中废物处理，如苗床托盘、薄膜、地膜、化肥袋、农药包装物、残余农药等的回收与处理办法。菲莫国际烟草公司的一般 GAP 评估条款见表 1.6。

表 1.6　关于废弃物回收与处理的 GAP 评估条款

评估条款	重要度
在必须使用塑料时，推广使用可回收再利用和耐用的塑料托盘和薄膜。供应商有文件证明并把指导和目标传达给烟农（%烟农遵照指导）	重要
促进对例如苗床覆盖膜和肥料袋等材料进行正确的回收再利用或/和处理。供应商有文件证明并把指导和目标传达给烟农（%烟农遵照指导）	重要
促进对农药包装物进行正确的回收再利用或/和处理。供应商有文件证明并把指导和目标传达给烟农（%烟农遵照指导）	极重要

第二章　烟叶生产管理

第一节　烟草种子管理

一、品种的选择

应以基地单元为单位按以下要求选择烟草种植品种。

（1）通过省级以上烟草品种审定委员会审定，并符合当地品种布局要求的品种。

（2）经过试验或多年生产实践证明是本区域适宜的品种。

（3）满足对口工业企业卷烟品牌原料对品种的要求。

1个基地单元确定1个主栽品种，1或2个搭配或轮换种植品种，按品种布局要求和轮作规划，每2～3年进行1次轮换种植。不得选用未经审定的品种，不得自行留种，禁止种植转基因品种。

二、种子管理

（一）种子采购

基地单元根据品种布局规划和年度烟叶生产收购计划，确定烤烟生产品种和用种数量。经逐级汇总、审核后，由地市级烟草公司向省级烟草种子管理部门提报需求计划，经省级烟草种子管理部门审核批准后，明确种子供应单位，下达种子供应计划，按计划组织供应。种子质量标准应达到：发芽率≥92%，发芽势≥90%，单籽率≥98%，有籽率≥99%，裂解率≥99%，均匀度≥95%，水分≤3%，粒径1.6～1.8mm，单粒抗压强度1.0～3.0N。

（二）种子调运

在调运烟草种子时，种子供应单位须提供《烟草种子检验合格证》和《植物检疫证》。种子使用单位要检查种子生产日期，核对品种、种子数量、包装规格与调拨单据是否相符。

（三）种子储存

（1）仓库。堆放种子的仓库应与农药、化肥等物资分离，有防潮、防鼠、防火、防盗等设施。

（2）入库验收。仓管员要核对品种数量、包装规格与调拨单据是否相符，检查烟草种子检验合格证、植物检疫证是否齐全，包装材料是否洁净、无污染、无异味，密封防潮袋是否破损等，不合格的种子不予入库。

（3）堆放。应分品种堆码，单个品种不同批次之间有标记，严禁混堆。

（4）保管。仓管员定期进行检查，保持清洁干燥，通风良好。

（四）种子发放与使用

（1）发放。地市级公司统一采购后，根据烟叶生产收购计划和种子需求计划发放到县级分公司，县级分公司在播种前 15 日内发放到基地单元烟叶工作站。

（2）配送。基地单元烟叶工作站根据育苗计划，在播种当天，由专人将生产用种配送至各育苗点，统一实行专业化育苗、商品化供应。

（3）使用。实行精量播种，每穴一粒。播种结束后，当天将剩余的种子收回基地单元烟叶工作站，做好用种记录。播种结束后，基地单元烟叶工作站在 5 日内将剩余的种子交回县级分公司集中管理。

（4）记录。种子的计划、采购、调运、储存保管和发放，要有详细和完整的记录资料，包括种子来源、中文名（学名）、日期、数量和负责人等。

（5）试验示范品种管理。试验示范品种必须限定种植区域和种植面积，不得自行扩大种植面积，禁止将未审定的试验材料、中试材料扩散，试验示范品种应单收单存。

第二节　种植环境管理

一、基本烟田管理

（一）规划建设标准

对土壤、地形地貌、气候等生态因子相近，烟叶风格特色质量水平基本一致的烟区，以基地单元为单位规划基本烟田，每个基地单元规划 5 万亩[①]左右基本烟田，满足 2～3 年轮作要求。基本烟田的规划要求符合以下条件。

（1）地势较平坦（坡度≤15°），通风向阳，水源条件好，能够满足机耕需要。

（2）连片规划，连片建设，连片面积山区不少于 200 亩，坝区不少于 500 亩，平原不少于 1000 亩。

（3）灌排系统完备，做到旱能灌、涝能排。避免选择地势低凹、易积水或地势较高、无灌溉水源的地块。

（4）土层深厚，土壤质地疏松，有机质适中，pH 在 5.5～6.5，肥力中等，养分均衡，土地综合生产能力较高，无烟草根茎病害发病史。

（5）远离冶金、水泥、化工等厂矿区，避开城镇生活区等污染源，重金属含量低、氯离子含量≤30ppm[②]的区域。

（二）管理要求

（1）以基地单元为单位绘制烟草种植、轮作的规划图，标注基本烟田

---

① 1 亩≈666.7m^2。

② 1ppm=1mg/L。

面积、编码、地理位置、分布图、基础设施、农户数等情况。

（2）建立基本烟田档案。对基本烟田进行编号，基本烟田编码由县级行政区代码、基地单元顺序码、烟田顺序码三部分组成。收集基本烟田所属农户、地形地貌、生态、气候、土壤、水源、设施等基本信息，建立基本烟田信息档案。

（3）为便于机械化耕作和开展专业化服务，基本烟田应实行集中连片种植，连片种植面积山区不少于 100 亩，坝区不少于 200 亩，平原不少于 500 亩。

（4）全面落实 3 年轮作制度，实行区域化连片轮作，制订并实施以烟为主的种植制度，根据烟区实际情况选择与禾本科作物玉米、高粱、水稻等进行合理轮作，杜绝与葫芦科、茄科等作物轮作。

二、基本烟田整治

（一）整治标准

整治后，田块坡度＜15°；土体沉降后土层厚度≥50cm；土体 35cm 以下土壤紧实，耕作层大于 25cm，保水保肥；表面平整，无波浪起伏，无坑洼，无较大石块。

（二）整理技术

（1）针对连片、田块地势高差较小，但田块较为细碎的基本烟田。采取倒地埂、挖高填低的方法，将大部分平整成 20 亩以上土地平整、方格化的高标准基本烟田。

（2）针对较为连片的、呈台状的、田块细碎的基本烟田。在连片区内整片顶、底高差较大，分为若干可平整台状地块，再整理成较平或坡度小于15°的地块，台状烟田间有机耕道连通，既可实现机械化，也可降低整理难度。

（3）针对连片区内烟田成自然缓坡状基本烟田，整片烟田顶、底地势高差大，整理难度大，也不宜成台，可分块依缓坡顺势整理，田块内坡度小于15°，既可沿坡进行机械化作业，又能保持坡地土壤的通透性。

（4）针对坡度在 15°～25°地块，修建成石埂或土埂水平梯地或缓坡梯地，以适用中、小型机械作业，有效保持水土、防止雨水侵蚀（图 2.1）。

图 2.1　土地整理

（三）整理方法

土地整理应与机耕道、作业便道、沟渠、管网同步规划、同步建设，实现综合配套，便于机械化作业，提高烟田综合生产能力。

（1）岩石比例在 10%以内、坡度 15°～20°的基本烟田整理方法：去石、挖高、填低，按照田块设计高程，在同一田块进行土方挖填平衡，不致低处填土过厚。

（2）岩石比例在 10%～40%、坡度 20°～25°的基本烟田治理方法：移开表土、去石到一定深度、回填底土、夯实人造犁底层、回填耕作层土壤、整平地面。

（3）岩石比例占 50%以上、坡度 20°～25°的基本烟田治理方法：移开表土、去石到一定深度、先行铺平地面岩石，然后回填底土、夯实人造犁底层，最后回填耕作层土壤、整平地面。

（四）整理后翻耕

土地整治后及时翻耕整地。采用 50 马力[①]以上的深耕机深翻 1～3 次，

① 1 马力=735.5W。

深翻深度>25cm，并清除田间碎石；用旋耕机将土块旋翻打碎、耙细、耙平，直至达到土壤颜色基本均匀一致，田间无直径>5cm碎石，土块直径<3cm。

三、基本烟田改良

坚持用地养地结合，改良土壤，培肥地力，提高土壤供肥、保水保肥能力，维持土壤生态的自然循环和平衡。

1. 种植绿肥

根据烟区实际，充分利用烟田冬季休闲的时期，因地制宜种植光叶紫花苕、毛叶苕、紫云英、黑麦草等绿肥作物进行土壤改良，在种植绿肥后第二年种烟。

（1）为便于绿肥的充分腐熟发酵，应选择在绿肥鲜草产量最高和肥分最高时翻压。

（2）翻压量以每亩1500~2000kg鲜草量为宜，多余的可用于异地翻压或饲养牲畜。

（3）为促进绿肥在土壤中均匀分布和快速分解，绿肥翻压前应先用旋耕机打碎，再进行耕翻。

（4）绿肥翻压要求翻埋，茎秆向下，根系在上。翻压深度以10~15cm为适宜。

（5）酸性土壤在翻压绿肥时，要配合施用一定数量的石灰、白云石粉等土壤改良剂，调节土壤pH。

（6）若土壤墒情较差，绿肥翻压后要及时进行灌水，促进绿肥分解。

2. 秸秆还田

在种植玉米、水稻等禾本科作物种植区域，可将作物秸秆在移栽前铡细后翻压入烟田改良土壤，也可在烟苗移栽后顺着烟行覆盖在烟垄上还田。小麦秸秆还可采取就地还田的方式进行。即收割小麦时，割掉小麦穗及下部20cm左右的麦秆，剩余麦秆就地拔起后顺着烟行埋入土壤中，实行一次直接还田。

（1）作物秸秆还田以每亩干草施用量200~300kg为宜。也可采取集中堆制发酵成有机肥后还田，既可改良土壤，也可增加烟田有效养分，发酵有机肥施用量一般以 50～100kg 为宜。

（2）秸秆还田应采用深耕重耙。一般深埋 20cm 以上，保证秸秆翻入地下并盖严，并保持田间持水量的 60%～80%。对土壤墒情较差的，耕翻后应灌水，以利于秸秆吸水腐解。

（3）带有水稻白叶枯病、小麦霉病和根腐病、玉米黑穗病、油菜菌核病等的秸秆，不宜直接还田。

3. 土壤 pH 调控

烟田土壤 pH 低于 6 时，应进行合理调控。

（1）施用石灰调节。在整地前将生石灰粉散施在烟地中，随着翻犁整地翻入土中，施用量根据烟田土壤酸度确定。土壤 pH 在 4.0 以下时，以每亩施用量 150kg 左右为宜；土壤 pH 在 4.0～5.0 时，以每亩施用量 130kg 左右为宜；土壤 pH 在 5.0～5.5 时，以每亩施用量 60kg 左右为宜。

（2）施用白云石粉调节。采用撒施的办法，在耕地前撒施 50%，耕地后耙地整畦前再撒施 50%为宜，每亩施用量 100kg 左右。

四、基本烟田保护

（1）对规划的基本烟田用途进行限定。应划定基本烟田保护区，设立统一的保护标志，规定基本烟田的具体用途，明确轮换种植计划。保护标志应包括：基本烟田编码、面积、地理位置、分布图、基础设施、农户数等基本信息。

（2）建立和完善基本烟田流转制度，促进基本烟田向种植专业户、家庭农场等规模种植主体转移，确保基本烟田用于种烟。

（3）以基地单元或片区统一基本烟田耕作制度，以烟为主，3 年轮作，有条件的可实行休耕。应以基地单元或片区为单位，统一规划以玉米、高粱、水稻、牧草等与烤烟进行轮作。

（4）建立土地整理制度。按照"提高耕地质量、有效保持水土、便于机械化作业"的要求，对规划的连片烟田，制订土地整理规划，开展土地整理。同时，做好整理后的土地权属调整，借鉴土地银行的模式，将土地整理和规模化种植有效结合起来，优化土地利用，提高基本烟田利用率。

（5）配套烟田设施。以基地单元为单位，按基本烟田配套完善烟田水利设施、烟田机耕路、烟田育苗设施和密集烤房等烟叶生产基础设施，并完善基本烟田沟渠等排灌系统，防止雨水对烟地土壤侵蚀。基础设施应集中、集群建设，尽量选择荒地、坡耕地建设，减少建设占地。

（6）严格控制烟田污染。严禁施用高毒高残留农药，控制滥施农药，尽量减少化学肥料的施用。防止工业污水、生活污水流入烟田。

（7）在连片烟田，设立垃圾收集装置，对烟区生活垃圾进行分类收集，集中处理，能回收的应鼓励进行综合利用。

五、烟区环境保护及管理

（一）烟区环境监测

委托具有相关资质的单位，对基地单元的大气质量、土壤质量、灌溉水质量进行定期监测。

（1）原则上大气质量每5年监测1次，土壤质量每3年监测1次，灌溉水质量每年监测1次。

（2）在发现环境异常变化或收到环境污染信息时，应及时委托具有相关资质的单位立即进行监测。

（3）监测项目、采样和分析方法按照国家及烟草行业相关标准执行。

（二）烟区生态保护

（1）防止"三废"污染。烟叶生产过程中，应及时清除和集中处理烟田废弃物，包括肥料和农药包装物、废弃农地膜、塑料制品等。基础设施项目施工完成后，彻底清除建筑垃圾，杜绝废渣对周围环境的污染。积极推行除硫除尘处理技术，减少烟叶烘烤过程中的污染物排放。

（2）保护烟区森林资源。烟叶生产基础设施建设过程中，应尽量保护烟区生态环境，不破坏烟区植被。积极倡导植树造林、天然林保护，促进烟区植被恢复，不使用木材作烘烤材料，保护烟区生态环境。使用节能烤房、新能源烤房，降低烘烤能耗。基础设施建设工程临时占地在工程结束后，应积极实施植被恢复。

（3）土地整理、河道整治应减少浆砌石、混凝土地使用，尽量使用生物驳岸技术，利用植物根系固定护坡。机耕路采用砂石铺面，基层为素土路基。

（4）推行测土配方施肥和精准植保技术，减少化肥、农药对烟田土壤和地下水的污染，保护烟田的生物多样性。（图 2.2，图 2.3）

第三节　养　分　管　理

一、烟田土壤肥力调查

为保证烟叶优质适产和烟叶质量年度间的均衡稳定，在烟叶种植前，应对下一年度用于烟叶生产的烟地土壤肥力进行取样调查，根据土壤检测结果，科学制定施肥方案，包括肥料种类、养分含量、施用量、施肥方法等，指导施肥，避免施入过多的化肥，造成地下水污染、增加种烟成本。

（一）样品采集

根据"代表性、覆盖性、可比性、操作性"原则，根据基地单元地形地貌、土壤类型、土壤肥力和基层技术人员服务区域情况，将种烟区域按 200 亩左右的连片区域划分为若干个采样区，每个采样区确定 15～20 个采样点，每个采样点土样混合组成一个采集样品，每个基地单元采集 30～50 个样品。

（1）采样方法。根据采样区地形地貌条件确定相应取样方法，同一土壤类型、同样地块高度的烟地作为一个取样区域。平原区、坝区（平坝）在采样区内沿"S"形线路布点取样；缓坡烟地，在采样区内从坡顶到坡脚沿"S"形线路布点取样。每个区域取土壤样品 10 个，用四分法混合后作为一个土壤样品。采样时应避开路边、田埂、沟边、肥堆等区域。

图 2.2 正安县烟区

图 2.3 遵义县优质生态烟区

（2）采样时间。选择在专用肥配方确定前的 2～3 个月、前茬作物影响较小的时间采集土壤样品。

（3）采样深度和采样量。土壤样品采集深度为耕层 0～20cm。每个采样点的取土深度及采样量应均匀一致，土样上层与下层的比例需相同。测定微量元素的样品需用不锈钢或竹制取土器采样。采集后样品统一做好标志，建立数据库，按基本烟田编号填写样品信息并保存。

（二）样品处理

采回的土壤样品要及时摊成薄层，置于干净整洁通风的室内自然风干，严禁暴晒，并注意防止酸、碱等气体及灰尘的污染。风干过程中要经常翻动土样并将大土块捏碎以加速干燥，剔除侵入体。需长期保存的样品，研磨过筛后置于广口瓶中，用蜡封好瓶口，做好标志备用。

（三）测试分析

每个基地单元的样品应统一送到测试单位，统一测试分析。

（1）测试分析指标。必测指标为全氮、水（碱）解氮、速效磷、速效钾、有机质、pH、水溶性氯离子、有效硼和有效锌。南方烟区选测交换性镁，北方烟区选测有效铁、锰、铜等。

（2）测试频次。同一基地单元典型地块的有机质、pH、水（碱）解氮、有效磷、速效钾和中微量元素每 3 年检测 1 次。中、微量元素每 6 年测试 1 次。

（3）测试分析方法。测试方法统一执行国家标准或相关行业标准。

二、配方确定

（1）开展田间肥效试验，采用养分丰缺指标法或目标产量法，选择不同土壤类型、不同肥力水平的烟田开展肥效试验，确定氮、磷、钾养分需求量。

（2）根据土壤测试和田间肥效试验结果，结合基地单元生态条件和品种布局，每个基地单元确定 1 个或 2 个专用肥配方，专用肥配方应包括氮、磷、钾大量元素施用量以及硼、锌、镁等中微量元素施用量。

（3）施肥方案。根据专用肥配方，按照分类指导原则，确定不同肥力水平的烟田施肥方案。烤烟专用复合肥的氮磷钾比例为 1∶1～1.5∶2～2.5，一般中等肥力土施氮量为 5.5～6.5kg/亩，上等肥力土施氮量为 4.5～5.5kg/亩。

三、烟肥管理

（1）采购。烟草专用肥料由省、市烟草公司统一招标采购。采购需订立烟草专用肥采购合同，明确肥料配方、养分含量、需求数量、规格、包装方式、执行标准、质量要求、运输方式及时间要求等。

（2）入库验收。基层站应按采购合同的规定进行数量和质量验收。验收合格后入库，并按肥料种类、养分含量分批标志、分类堆放、安全保管。

（3）质量监测。对烟草专用肥生产质量、养分含量、重金属含量等进行抽样送检。抽样检测方法和质量标准应执行《中华人民共和国国家标准复混肥料（复合肥料）》（GB15063—2009）、烟草行业标准及国家烟草专卖局的相关规定，养分含量应达到采购合同规定。生产质量不合格的、养分含量不达标的、重金属含量超标的烟草专用肥，一律不得供应给烟农。

（4）肥料供应。按烟农种植合同约定面积，不同田块肥力水平确定的施肥方案，供应烟草专用肥。不得超面积、超标准供应烟肥。有条件的地方，可组建专业化物资配送服务组织，将烟用物资配送到育苗工场、烟农专业合作社、农户或烟地。

（5）建立档案。在肥料入库、供应以及施用过程中，做好记录，建立档案。入库信息包括肥料名称、入库时间、数量和保管员签字；出库信息包括领用人、领用时间、数量和保管员签字等。施肥信息包括烟田编号、肥料名称、施用时间、施用剂量、施用方法、施肥人员姓名等。

（6）施肥效益监测。每个基地单元设 5～10 个监测点，连续定点采集土壤样品，并开展田间对比试验，综合比较肥料投入、作物产量、经济效益、肥料利用率等指标，客观评价施肥效益。

（7）应用效果调查。每个基地单元选择 10～20 户有代表性的烟农进行跟踪监测，调查填写《烟农情况调查表》，从肥料成本、烟叶产量、经济效益、地力变化等方面评价施肥效果。

四、肥料施用

（一）施肥原则

根据烤烟"少时富，老来贫"的需肥规律和植烟土壤养育的需求，采取重施底肥、早施追肥，有机、无机肥配合施用方法，提高肥料利用率，促进烟株营养平衡及正常生长。

（1）全面实行烟草测土配方施肥，实现植烟土壤施肥、培肥和安全环保协调统一。

（2）根据土壤养分分析结果和烟草需肥规律，结合前茬作物，科学确定施肥方案。明确专用复合肥配方、施肥量和施肥方法，提倡施用充分腐熟厩肥、饼肥等有机肥，根据需要增施硼肥、锌肥、镁肥等。

（3）定量施肥。可采用施肥枪、施肥杯、施肥机等定量施肥器具，指导烟农进行施肥，提高施肥精准度，促进烟株营养平衡。

（4）分类指导。基地单元根据不同土壤类型、不同肥力水平进行分类，确定各片区的肥料施用量、施用时期及方法，制定施肥建议卡，并在当年发售烟草专用肥时下发，指导烟农按确定的肥料施用量、施用时期及方法进行施肥。

（二）施肥种类

（1）无机肥。指以氮、磷、钾为主的烤烟专用复合肥，根据用途和时间又分为基肥和追肥。基肥为移栽前或移栽时施用，使用量为总氮量的

70%～80%。追肥为移栽后 30 天以内施用，主要以氮和钾为主，追肥氮量为总氮量的 20%～30%。

（2）有机肥。包括发酵有机肥、厩肥、油枯、商品有机肥等，全部作为基肥使用。一般有机肥施用量为：饼肥（油枯）10～20kg/亩、厩肥 300～500kg/亩，腐熟有机肥、商品有机肥分别为 50～100kg/亩。

（3）绿肥翻压后增加了土壤中的养分含量，在制定烟草平衡施肥方案中应在总施氮量中扣除由绿肥带入的部分有效氮素。扣除氮素量＝常规施氮量–绿压绿肥重（干）×绿肥含氮量（干）×当季绿肥氮素有效率。

（4）谨慎施用氯化钾等肥料，禁止施用非烟草专用复合肥、未腐熟的人粪尿、碳酸氢铵、尿素、磷矿渣等肥料，不得施用重金属超标的肥料。

（三）施肥方法

（1）基肥。可采用条施、穴施两种方法。条施：起垄时将所有的有机肥、无机肥基肥部分计算到株及每行用量，将烟地整碎耙平后，将肥料施在烟垄中心线位置，深 15～20cm，起垄将肥料覆盖于垄体中部，移栽时直接在垄面上打井或打大窝栽烟。穴施：起垄后打直径为 20～25cm、深为 15～20cm 的穴，并将肥料与土充分拌匀后移栽。

（2）追肥。追肥分 1 次或 2 次于栽后 30 天内施完。井窖式移栽时，需将 20%～30%的基肥留作追肥使用，分别在移栽后的 7～10 天和 25 天左右施用。第一次施用剩余量的 40%，第二次施用剩余量的 60%。为提高肥料利用率，可将肥料兑成 2%的肥水浇施烟根部，或将肥料环施于烟株周围，并用土覆盖。

第四节　水 分 管 理

水是影响烤烟生长的重要因素之一，是烤烟有机体的重要组成部分，是烟株体内一切代谢过程的介质。烤烟耐中度干旱，水多对烟根生长不利，影响发育。不同时期对水分的需求不同，一般来说，移栽期、团棵期、旺长期、成熟期对土壤持水量的要求分别为 80%、60%、80%和 70%。

一、烟田水分管理原则

根据烟草不同生育时期需水规律及气候条件、土壤水分状况，合理选择栽培技术，充分利用水资源适时、合理灌溉和排水。

（1）推行节水、保水栽培技术，充分利用降雨资源，减少灌溉次数、灌溉水量，降低干旱的影响。

（2）合理调整生育期，将烤烟需水量大的旺长期尽量调整到降雨量较大的季节。

（3）合理灌溉和排水。①移栽时必须浇足定根水，伸根期和成熟期保持适量的土壤持水量，旺长期保持充足土壤持水量。②烟田灌水应注重水肥结合，提高水肥利用率。③推行节水灌溉技术和精准灌溉技术，节约用水。④雨季时做好田间清沟排水，防止田间积水。

二、烟田水分管理技术

（一）栽培节水、保水

（1）烟地优化选择。在轻度伏旱区和微伏旱区，可选择山地和缓坡地作烟田。在中度伏旱发生区域，应选择土层较厚的旱地、梯田梯土作烟田。在重度伏旱以上发生区域，应选择海拔较高、土层较厚的旱地或土壤质地较疏松的稻田作烟田。

（2）适时早栽。根据不同生态区光、温、水的变化情况，尽量提前生育期，把烤烟大田期生长期安排在最适宜的生长时段，减轻干旱带来的影响。

（3）增施有机肥。增加有机肥施用量，推广秸秆还田等技术，增加土壤有机质、提高土壤保水能力，在条件成熟的地方，加大种植绿肥改良土壤技术的推广，通过增施有机肥，全面提高土壤有机质含量、改善土壤物理性状，提高土壤保水抗旱能力。

（4）地膜覆盖。地膜覆盖栽培具有明显的增温保湿效应，使烤烟移栽期提早，促进早生快发，加快生长发育进程。在重度伏旱以上区域，实施全生育期地膜覆盖，同时增加地膜的厚度，延长地膜的使用寿命。在轻度、微伏旱发生区域，实行地膜覆盖，移栽后 35～40 天揭膜培土上高厢，有利于烟株的前期保水、保肥。

（二）集雨保墒技术

（1）翻犁保雨。上年冬至前冬翻，当年 3 月上中旬再次进行翻犁，翻松土壤增加活土层深度，有利于耕作层土壤积雨。

（2）起垄盖膜保墒。3 月上中旬第 2 次土壤翻犁耙碎后，开厢起垄，当土壤含水量 60%以上时及时盖膜。在烟叶生长季节干旱少雨的烟区，采用双行凹型垄全生育期地膜覆盖，更有利于积雨保墒。

（3）移栽季节干旱少雨的烟区，可在烟田地势较低处，于移栽前 50 天，每亩挖一个深 60cm、0.7～0.8m^3 的蓄水坑，内铺 10mm 厚的塑料布蓄存雨水。然后在其上方铺 2mm 厚的塑料薄膜用于集蓄雨水（图 2.4）。集雨面积依移栽前 50 天正常年景的平均降雨量来确定。用此方法提前做好雨水集蓄，解决移栽用水问题。

图 2.4　地膜覆盖集蓄雨水

（三）烟田灌溉技术

（1）移栽期灌溉。移栽时穴浇水量宜大，以利于还苗成活，还可使土壤塌实，根、土紧密接触。浇水的方法、数量因移栽方法不同而异。采用井窖式小苗移栽技术，浇定根水 80～200mL/窖。土壤墒情 60%以下、不易打井或打不起井的地块，先在每个移栽点浇水 200mL 左右，待水浸入土中后及时打井栽烟。春旱烟区可采用大窝深栽法，定点打窝后每窝先浇水 500～1000mL，栽烟后每株烟苗再浇水 500mL，每一行烟栽完及时盖膜。移栽后如果天气干旱还需浇水 1 次或 2 次。

（2）伸根期灌溉。除在追肥后或严重干旱的情况下可轻浇 1 次外，一般烟田土壤相对含水量在 50%～60%时可以不浇水，以利蹲苗，促进烟株根系发育。

（3）旺长期灌溉。烟株旺长期需水量大，是烟草整个生育期内需水量最多的时期。旺长初期以水调肥，肥水促长。如果墒情不足要适量浇水，掌握"到头流尽不积水，不使烟垄水浸透"的原则。旺长中期浇大水，保持土壤含水量 80%；旺长后期对水分可适当控制，保持土壤相对含水量70%～80%。在旺长期，烟株在早上 10 点以前叶片出现萎蔫现象，即为需灌溉的指标，说明烟地墒情较差，需要进行灌溉。

（4）成熟期灌溉。烟叶成熟期需水不多，烟株封顶后，如果土壤干旱，应适当浇水，促进上部烟叶充分伸展，并利于中下部烟叶成熟烘烤。

（5）提倡采用滴灌或浇灌方式，避免大水漫灌，提高水资源利用率。

（四）烟田排涝技术

烟地在整地起垄时要搞好开沟排水，连片烟地沟渠相连，相互贯通，防止烟地积水，产生涝害。

（1）烟地四周有边沟，沟深 30cm 以上、宽 20～30cm。

（2）单块烟地面积达到 1～2 亩开中沟，沟深 40cm 以上、宽 40～50cm。

（3）单块烟地面积达到 2 亩以上开"十"字沟，沟深 40cm 以上、宽40～50cm。

（4）烟地连片面积 50 亩以上开排洪沟，沟深 50cm 以上、宽 60cm 以上。

三、烟区水源管理

（1）完善烟区水利设施。根据烟区地形地貌和水源特点，充分应用提、引、蓄、灌，因地制宜开展"三小工程"、系统配套工程等烟田水利设施建设和大中型骨干水源工程建设，解决灌溉用水问题，提高烟区抗旱能力。①对烟地较为分散、水源缺乏、坡度较大的烟区以及春旱烟区，可通过修建小水池、小水窖、小塘坝等方式，以集蓄自然降雨为主，供干旱季节的烟地浇灌。②对烟地较为集中、水源有效保障的区域，可修建"山塘（自流）+水池+管网（沟渠）+田间灌桩"或"提水泵站+水池+管网（沟渠）+田间灌桩"的系统工程，将水源通过修建水池集蓄或通过泵站提到高位水池，再通过输水管道或沟渠引入烟区，安装田间灌桩（供水龙头）进行浇灌。③依托可靠的水源，新建水库或修复现有水库，系统配套沟渠和田间灌溉设施，建成水源有充分保障、覆盖面积广、灌溉效果好的水源工程。

（2）对系统性水利工程和水源工程，应建立科学合理的用水制度，加强水利设施管护，提高水利设施使用率和水资源利用率。

（3）加强水源保护。禁止在水源附近配制或施用农药，杜绝农药和肥料进入河道，禁止漂浮育苗营养液、其他受污染的水以及生活垃圾、农药包装物、烟株秸秆进入水池、水窖、山塘、水库等水源。

（4）禁止用污水灌溉，以防烟地、烟叶污染。特别是使用河流、湖泊水作为灌溉水源的烟区，要注意经常监测上游或本地段有可能造成水质污染的污染源排放情况（图2.5）。

图 2.5　大水源烟水工程

第五节　非烟物质（NTRM）控制

一、非烟物质的种类

（1）一类恶性杂物有橡胶、塑料、纤维、动物毛发、昆虫及金属等。

（2）二类恶性杂物有纸屑、绳头、麻片等。

（3）三类恶性杂物有植物及非烟草类纤维。

二、过程控制措施

（1）田间控制措施。及时清除烟田及周边的所有化纤、塑料、药瓶、药袋、化肥袋等废弃物质，保持烟田清洁卫生，防止在采收过程中混入烟叶中。

（2）采收环节控制措施。①清洁装运烟叶的车辆、框拦等采收用具，始终保持无污染物。②采摘的烟叶应直接装运，如不能直接装运的，应有铺垫物，防止非烟物质混入。

（3）编烟环节控制措施。①编烟场地要干净清洁。②对鲜烟叶进行分类时，及时清除非烟物质。③编烟绳使用麻绳，禁止使用化纤绳编烟。④推荐进行散叶烘烤，减少编烟环节。

（4）烘烤环节控制措施。①在烘烤前清洁烤房及其周围环境，防止杂物污染烟叶。②检查烤房加热设施，防止漏烟污染烟叶。③禁止在烤房周围堆放粪堆等散发异味的物质。④烤后的烟叶堆放在干净卫生的场地。

（5）分级环节控制措施。①保持分级场地的清洁卫生。②在分级前的去青去杂环节，由专人负责清除烟叶中的一切非烟物质。③推荐进行散叶收购，减少扎把环节带入非烟物质的可能。

（6）收购环节控制措施。①保持收购场地的清洁卫生。②明确验级员、定级员、打包员、仓管员等人员在非烟物质控制中的职责，将非烟物质控制作为工作业绩的一项重要内容，严格检查考核，彻底杜绝非烟物质混入。

（7）保管与包装环节控制措施。①保持存放烟叶场地的清洁卫生。②堆放的烟叶用棉、麻类物质覆盖，避光储存，严禁使用化纤制品覆盖烟叶。

③防止家禽、家畜及老鼠等对烟叶造成污染。烟农交烟时用统一的包装袋。

（8）运输环节控制措施。运输烟叶的车辆必须保持清洁、干净，特别注意防止运输过程中各类油脂污染烟叶。

（9）基地单元应设置专门人员负责各环节非烟物质的控制工作，报告、记录非烟物质的控制情况，一旦发现烟叶中混有非烟物质，必须查清源头，追究相关人员责任，提出改进方法，落实整改措施，严禁再次出现。

第六节　烟叶质量追溯

一、烟叶质量追溯的概念与方法

（一）烟叶质量追溯的概念

烟叶质量追溯是指对烟叶产品生产的生态条件、品种、生产与收购过程历史及各责任人进行追踪和溯源的过程。基地单元（片区）生产的烟叶，可以从开始种植一直追踪到加工完成的烟叶成品。同时也可以从加工完成的烟叶成品反追回到它的源头——单元（片区）。烟叶质量追踪实质上是对烟叶身份的识别，是保证烟叶质量的重要措施。

（二）烟叶质量追溯的目的

明确烟叶产品的特定身份，确定烟叶产品质量问题的来源。

（1）回顾和反映烟叶质量形成的过程，了解影响烟叶质量的因子，为提高烟叶生产质量提供依据。

（2）追踪烟叶质量，可通过记录确定烟叶质量变化产生的原因，追究责任人，或为改进烟叶生产质量提供依据。

（三）烟叶质量追溯的方法

按照一定的区域（单元或片区）建立从烟叶生产、采收、烘烤、收购、储藏等全过程的记录和烟农基础数据的记录，根据全过程的质量检验，查找产生烟叶质量问题的范围及原因，制订有针对性的措施，防范问题的再次发生，持续改进和提升烟叶质量。

（1）工业企业根据烟包标签、质量抽检记录追溯到基地单元。

（2）基地单元通过生产记录文档追溯到片区。

（3）质量追溯报告要明确质量变化的原因，提出改进方法，修订相关文件和记录。

二、烟叶生产过程追溯

（1）建立基本信息。包括当地的生态条件、耕作制度、基本烟田信息、基础设施情况、烟农基本信息、烟农的种植面积、劳力情况、培训情况、合同量、合同履行情况及业绩。

（2）建立生产过程信息。包括整地起垄、育苗、种植品种、移栽、大田管理、成熟采收、烘烤与分级等各阶段起始时间与气候条件及病虫害发生情况的主要信息，以及与之相关联的肥料、农药等投入物品相关信息。

（3）建立服务指导信息。包括烟站对技术员的培训、考核情况，技术员对烟农的阶段性培训、检查情况，烟农生产技术落实情况等相关信息。

（4）建立烟草员工信息。包括员工学历、工作经历、培训情况及工作业绩。

以上信息可用相关软件进行系统管理，以满足外部质量追溯的要求，同时作为烟农业绩评定和烟技员工作质量评定的依据。

三、烟叶收购过程追溯

烟叶收购过程包括检验定级、过磅、成包、储运过程，这一过程是实现烟叶质量追溯的关键过程。需收集和保持的信息包括收购定级、过磅、储运，烟农交售烟叶的数量、等级，检验、储运各过程发生的不合格等相关信息。

（1）收购前准备。烟站在实施收购前应制定收购日程表，收购日程安排应确保追溯单元烟叶的单收、单调。同时对站内工作人员分组排班。工作班组由定级、预检、司磅及其他辅助人员组成，相对固定。如有变动应保持记录。

（2）收购检验。收购人员对经专业分级队初分的烟叶，质检员按GB 2635进行检验定级，然后送主检确认。主检认可后进行过磅入库。如出现不合格项目，填写《不合格记录》，并退给上一环节处理，直至检验合格。

（3）过磅入库。主检检验定级后的烟叶，送入过磅处，由司磅员过磅。过磅烟叶的等级与数量经烟农确认后，推入成包区进行成包入库管理。

（4）成包。收购入库的烟叶，达到最小成包数量后应及时成包，包装材料应清洁、无污染、干燥、无破损。成包后要在烟包两端加贴用于烟叶质量追溯的标志，防止混淆。

标志可采用烟包卡片、条形码、二维码或RFID，内容包含：省、市、县、烟站、收购线、收购班组（主检员、过磅员、成包员、保管员）、收购日期、收购等级、烟包重量、烟叶品种等相关信息。

收购结束后，每条收购线对一个等级不足一包的烟叶，也应单独成包，并同样在烟包两端加贴用于烟叶质量追溯的标志。

（5）堆放。烟叶成包后，应立即推入仓库按烟叶仓储管理要求堆放，每垛堆高不得多于5包。烟堆等级标志醒目，烟堆之间的隔离物清楚，不同等级、不同产地的烟叶应分垛堆放。

四、烟叶储存与调运信息追溯

（一）仓库条件

（1）杜绝火源，消除火灾隐患。
（2）库房应遮光、通风干燥，经常清洁，保持卫生无异味。
（3）设有安全门，门窗均有防虫、防鼠设施或设备。设有防潮的垫木或垫板，离地30cm左右。

（4）应配备符合消防安全的消防设施和温湿度控制设备。

（二）仓库管理

（1）在烟叶入库前，应对仓库和包装物进行施药熏蒸或紫外灯、臭氧灭虫灭菌，做好记录。

（2）烟叶应存放在货架上，与地面、墙壁保持适当距离，防止虫蛀、霉变、腐烂、泛油等现象发生，控制和记录仓库温度、湿度。

（3）定期检查库房烟叶保管情况，重点是防潮、防霉、防虫以及安全状况；及时对虫害或霉变烟叶进行隔离，及时杀虫或除霉处理，做好记录。

（4）搞好烟叶质量追溯的标志维护。建立入库烟叶分类账，每一烟垛须有货位卡；分类账、货位卡至少有统一的烟叶编号或条形码、产地、数量（包括包数与重量）、入库时间等相关信息。

（三）调运

（1）同一基地单元的同级同类烟叶同车运输，保证整车烟叶的等级纯度。必须混装时，不同等级的烟叶之间要有明显的区别标志，不得混杂，保持质量信息的完整性。

（2）装车包件完整、整洁。包件上面必须有遮盖物，包严、盖牢、防日晒和受潮。烟包装卸必须小心轻放，不得摔包、钩包。

（3）烟叶装车时应记录统一的烟叶编号，填写装车清单。装车清单至少应记录统一的烟叶编号、烟叶等级、数量、出发地、目的地、装车负责人、车主姓名（包括身份证号）、车牌号等。

五、烟叶质量检验追溯

（一）商业自检信息追溯

（1）烟草公司的质检员按 GB 2635 中的等级标准对烟叶进行等级合

格率的抽检并保持记录。抽检按相关技术标准执行，抽检中发现的不合格品，重新分级确认等级并填写《不合格记录》，重新制作烟叶信息标志。

（2）质检员及时统计各收购点不合格品情况，记录经分管领导审核后，作为对各收购点或烟站的考核依据，并由专人及时向各烟站及收购点反馈。

（3）烟站将质检反馈的信息录入定级员、预检员等员工的考核记录。

（二）工商交接质量检验信息追溯

（1）工商交接过程包括初验和交接验收过程，工商双方应按行业、企业技术标准和管理标准执行。

（2）按合同约定的地点和方式进行初验，各自记录所抽验烟叶的烟包代码，作为交接时的依据。

（3）双方按合同约定的地点和方式进行交接验收，确定追溯代码是否与初验时一致。

（4）对发现的质量问题，如出现降级等不合格品，烟草公司应填写《不合格记录》，作为对各收购点或烟站的考核依据，并由专人及时向各烟站及收购点反馈。

（5）工商交接后根据工业企业需要，提供追溯烟叶的相关信息。

（三）工业企业质量检验信息追溯

烟叶调运到复烤厂以后，工业企业开展非烟物质、常规化学成分、农药残留等质量指标检测。并将检测结果反馈到基地单元。基地单元应根据工业企业反馈的检测结果，追溯可能出现问题的环节或因素，提出纠正和预防措施，并根据工业企业的需要反馈改进措施，同时可根据反馈检测结果进行考核。

第七节　教育培训与劳动保护

人的福利、健康和安全是可持续性的重要组成部分，为了保障劳动者在劳动生产过程中的安全与健康，需要从法律、制度、组织管理、教育培训、技术设备等方面采取一系列综合措施。员工健康涉及人的福利、健康和安全等诸多方面，包括烟农、专业化服务人员、生产技术人员和收购人员。做好员工健康相关工作，保障好员工的生命安全和健康，对调动员工的积极性和创造性，促进劳动生产率的提高，推动社会和谐和可持续发展具有十分重要的现实意义。就烤烟生产来说，必须依靠烟草基地的众多农户（农民）。只有保证了劳动力的持续发展，烤烟的生产才能够真正做到可持续。

一、 教育培训

针对烟叶生产的各个环节和存在安全风险的场所，编印相应的安全知识手册，对所有员工进行有关如何避免危害和保护自身安全等方面的教育，如育苗、烘烤工场内带电设备及机械设备的使用方法，农机具操作安全等。

（1）各基地单元应每年制定年度培训计划和实施方案，合理安排培训日期、培训对象、培训内容、培训师资、培训方式及考核办法等，并做好培训记录。

（2）培训对象。烟叶生产相关人员，包括烟叶生产技术人员、合作社全体成员及各专业化服务队队员、抓烟干部和烟叶种植主体。

（3）培训内容。基地单元良好农业规范操作手册、操作记录、各类事故和突发事件的处理规程、危险警示牌的识别及烟草公司其他相关规定、奖惩制度等。

（4）培训方式。讲座、现场会、多媒体、网络、实操、入户指导等多种培训方式，不拘形式，重点在于达到效果，各种培训要有培训记录，作为人员培训档案留存。

（5）培训考核。按照培训计划，对各级受训人员进行定期考核，考核方式多样，包括考试、总结、体会等，并建立适当的激励机制，推动良好农业规范工作的全面实施。

二、 防护设施

在农药施用、带电设备、机械设备等危险操作时，要配备足够的个人安全保护装置，供其进行个人防护使用。

（1）工作人员进行施肥或用药操作时，应穿防护服，佩戴手套和口罩，严格按照肥料或药品的使用要求进行配制和操作。

（2）农药储存地点 10m 区域内应有眼睛清洗设施，有洁净的水源、急救箱以及清晰的事故处理程序，其中包括应急联系电话、常见事故的基本处理步骤。

（3）应为应用或接触农用化学品的人员提供淋浴和更衣室，他们应有专用的分离的区域来清洗个人保护设备和应用设备，并与日常生活区分开设置。

（4）在农药储存、使用等有潜在危害的场所，应设立清晰易懂的危险警示牌，在附近可见地点张贴各类事故和突发事件的处理规程。

（5）带电设备、机械设备应悬挂警示提醒标志及简要提示操作注意事项，并定期组织检修以消除安全隐患。

（6）人员工资、福利待遇标准应依照《劳动合同法》合理制定，制度明确，按时发放。季节工、临时工等应按当地劳动部门的相关规定按时足额发放劳务费。

（7）育苗工场、烘烤工场、分级、收购场所、基地单元办公区域、生活区等有易燃物品的地方，应配套安全消防设施。

三、服务管理

（1）每年至少计划和举行 1 次管理者与员工之间的会议，就经营、员工健康、安全和福利等有关问题进行公开讨论。记录员工所关心的健康和福利问题，研究完善改进措施，并保存会议记录。

（2）每年应对职工至少进行 1 次健康体检。

（3）在与烟农签订合同时，要让烟农明确承诺保障子女接受九年制义务教育的权利和未成年人、孕妇等不得从事接触有毒有害化学品的工作。

（4）要督促烟农合作社不得雇佣 16 周岁及以下的工人。如果雇佣 16～18 周岁工人，应详细登记其信息，至少包括姓名、生日（年月日）、父母或法定监护人的姓名、永久居住地、工作种类、指定的和工作的小时数、得到的薪金内容，并有专人负责督导未成年人安全工作。

（5）配备烟叶生产技术人员，指导烟叶生产主体全面按照良好农业规范要求组织优质烟叶生产。

（6）引导烟叶从业人员保持身体健康、清洁卫生等良好的生活习惯，改掉在岗位上吸烟、饮食等不良习惯，增强人员的劳动保护意识，做好健康监控。

第八节　文　件　管　理

一、文件分类

烟草 GAP 文件分为规范文件、制度文件和过程记录文件三大类。

（1）规范文件由国家局或省级局（公司）制定，包含 GAP 规范、实施细则以及标准操作规程（SOP）。

（2）制度文件由地市级公司制定，包含实施 GAP 各岗位职责、绩效考核制度等。

（3）过程记录文件由县级分公司制定，包含烟叶生产关键环节控制点的各类记录表格。设计过程记录表格至少应包括：①烟草的品种、育苗时间、数量或面积；烟苗发放记录；肥料的种类、施用时间、施用量、施用方法；农药中包括杀虫剂及杀菌剂的种类、施用量、施用时间和方法等。②产地生态、气候、土壤状况以及烟区气象资料及小气候的记录等。③烟叶采收时间、采收量、鲜重，烟叶烘烤记录，分级、定级、入库、运输、储藏等。④烟叶质量现场检验和质量全检记录，抽样记录等。⑤人员培训、人员健康记录等。⑥烤房检查记录、设备检查检修记录。⑦非烟物质控制记录。

二、文件管理

（1）对 GAP 管理过程中的规范性文件、制度性文件和过程记录进行保管与归档。

（2）基地单元要对每年烟叶生产全过程进行记录，对烟农基础数据进行收集，并按照时间顺序进行整理，形成烟叶生产过程记录文件。

（3）烟叶生产全过程中所有可能影响烟叶质量的关键控制点要进行详细记录，必要时可附照片或图像。

（4）文件档案等要有专人保管，并且至少保存至采收或初加工后 5 年。

第三章　烟叶种植管理

第一节　烟地管理与养护

一、轮作管理

轮作有利于改善土壤理化性状和生物学特性，提高土壤肥力，增强土壤保水保肥能力，减少烟田病虫害，提高烟叶产量与品质。同时，实现用地与养地相结合，维持土壤良好的自然生态平衡。

（1）轮作规划。每户烟农要按照烟区种植的规划布局要求，对在规划区域内的基本烟田按照不低于两年一轮的要求，合理规划轮作，建立以烟为主的种植制度。为保持年度间烟叶生产规模和烟农队伍的稳定，可协调采取租赁、调换等土地流转的办法，确保年度间的种植规模相对稳定。

（2）轮作方式。与禾本科作物玉米、高粱、水稻、牧草等进行轮作。推荐以下轮作方式。水旱轮作（三年六熟轮作制：烟草—油菜、小麦—水稻—小麦、蚕豆或油菜—水稻—小麦或油菜—烟草；两年四熟轮作制：烟草—油菜或小麦—水稻—蚕豆、小麦或油菜—烟草）。旱地轮作（三年六熟轮作制：烟草—麦类、油菜或绿肥—玉米—麦类—玉米或豆类—麦类或休闲—烟草；两年四熟轮作制：烟草—油菜或绿肥—玉米或豆类—麦类或休闲—烟草）。

（3）禁止在烟田种植马铃薯、番茄、辣椒、茄子等茄科作物或南瓜、西瓜等葫芦科作物及蔬菜等十字花科作物，保持较好的烟叶生产环境。

二、烟地养护

（一）烟地清理

每年秋季作物收获以后全面清除当年烟地烟秆、地膜及田间杂物，为冬耕深翻做好准备。田间清除的烟秆、烟桩等烟株残体，必须带出烟地，晾干后在年前作燃料使用或制成有机肥料在农田、果园等非烟叶种植规划区内使用。禁止混入厩肥或随地乱扔，甚至丢弃在小山塘、小水窖内。田间清除的玉米、高粱等非茄科作物秸秆，可作烟用有机肥原料用。田间清除的塑料制品及其他包装物等残体，应按环境保护的规定进行集中统一处理。

（二）冬耕深翻

为提高土壤墒情和减少来年病虫害的发生程度，宜对冬季空闲地进行深耕（图 3.1）。

（1）冬耕整地前应清除上一季烟株残体、捡拾烟株烟根，将杂草全部翻埋，减少病原菌的越冬场所。

（2）冬耕整地前应将田间的废弃薄膜清除，交由废旧物资回收部门集中处理，清洁土壤环境，促进土地的持续利用。

（3）在上年冬至前完成冬闲地深耕，以利于更好地积蓄雨雪，熟化土层，改良土壤墒情和达到冻死越冬害虫的目的。

（4）深翻 25～30cm，打破犁底层，使土壤经过雪凝冷冻后，土块自然疏松，土性良好，并可大量消灭地下害虫。耕地要做到深浅一致，不漏耕、不重耕，促进土壤肥力均匀。

（5）为保障耕地操作安全，使用拖拉机或微耕机进行耕翻土地时，应由经农机部门培训合格、持证上岗的专职机耕手进行，并在机械上加注警示标志。

图 3.1　冬耕深翻

第二节　整 地 移 栽

整地移栽分整地、施肥、起垄、覆膜和移栽五个环节。

一、整地

为了在最佳移栽季节适时移栽，需要提前做好备耕待栽工作，立春过后，在气候条件和土壤墒情合适时，要及时进行春耕，为施肥、起垄、覆膜、移栽工作做好准备。为配合井窖式移栽技术的实施，确保土壤有适宜的墒情，需要在移栽前一个月左右进行整地（图3.2）。

图 3.2　整地

（1）对冬耕过后的空闲烟地，使用翻犁机械翻犁，然后使用旋耕机械进行旋耕整地，使土块细碎、土层疏松、土表平整。

（2）对种植冬季作物的地块，在收获后及时对土地进行翻犁，耕犁深度25～30cm，然后使用旋耕机械进行旋耕整地，使土块细碎、土层疏松、土表平整。

（3）实施秸秆还田的烟地，将秸秆细碎成20cm以内的短节后，根据使用量均匀撒施于烟地中，然后进行翻犁、耙平，将其覆盖、翻压于土壤当中。在秸秆量较多时，也可直接顺垄覆盖在烟地垄土上或用适量垄土覆盖。

二、施肥、起垄

为确保烟叶优质适产，烟株生长通风透光，具有良好群体结构和长势长相，需要根据土壤肥力条件、品种特性来确定合理的种植密度、施肥量和肥料配方。

（1）确定垄向。为增加田间生长的通风透光性能，地势平整地块的垄向为东西走向；为防止水土流失，缓坡地要根据地形地貌沿等高线确定垄向。

（2）划定种植间距。根据生产技术方案确定的种植密度，在烟地中划定种植间距。

（3）施肥。为提高施肥作业效率，在起垄前将生产技术方案要求的农家肥或集中堆制的有机肥和专用基肥，沿划定的垄线均匀撒施或沟施于烟垄的底部，然后立即起垄。为保障烟叶品质和肥料使用效果，必须使用由当地烟草部门统一组织和根据测土配方施肥结果确认采购的烟草专用高浓度复合肥。

（4）起垄。为保障起垄效果，适宜在晴天或阴天、土壤墒情适宜时进行起垄作业，要求垄高 20～25cm、垄宽 60～70cm、垄体饱满、垄面平整、垄向平直、土壤细碎。①起垄时间一般在移栽前 10～15 天左右。②雨热同季的烟区，适宜采用单行单垄，垄间距以 100cm 为宜。③在干旱少雨的烟区，适宜采用双行"凹形"垄（图 3.3）。双行"凹形"垄在划定垄向时，以 200～220cm 开厢，起垄后同厢内的两垄间距 100cm，厢与厢之间的垄间距 120cm。同厢内两垄间的垄沟高于厢与厢之间的垄沟，两侧垄面略向中央浅沟倾斜，使垄体横截面呈现"凹形"（图 3.4），在覆盖地膜后有利于集蓄雨水，并按一定间距打一小孔，使集蓄的雨水迅速渗入垄体内，可增加土壤墒情。④为防止烟地积水，垄沟要平而直，保证排灌通畅，并在烟地四周开好深于垄沟的排水沟，在地块较大的烟地中间开十字深沟。⑤为保障耕地操作安全，使用机械起垄时，应由经农机部门培训合格、持证上岗的专职农机手进行。

图 3.3 双行"凹形"垄

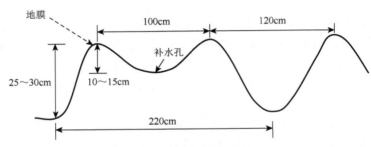

图 3.4 双行凹垄示意图

三、覆盖地膜

地膜覆盖栽培具有提高土壤温度、调节土壤水分、改善烟株生长环境、提高肥料利用率，改善中、下部烟叶的光照条件，减轻杂草和病虫危害等作用。为减少地膜覆盖栽培的盲目性，防止不必要生产成本的增加，要针对地膜覆盖栽培在不同的生态条件下所发挥作用不尽相同的特点，根据当地烟叶生产中急需解决的障碍因素，因地制宜地采取地膜覆盖栽培措施，才能达到经济高效的目的。

（1）为提早移栽期，缩短生育期，对前期温度较低或在海拔较高、烤烟成熟期低温出现较早的烟区，可采用地膜覆盖栽培，将烟叶的生长期调整到最为有利的气候条件下。

（2）为充分利用移栽前期的有效降雨增加土壤墒情，提高移栽成活率，对移栽季节和移栽至团棵阶段容易出现干旱的烟区，可采用双行"凹形"垄地膜覆盖栽培，有效降低烟株生育前期的干旱胁迫，促进烟株早长快发。

（3）为减少肥料淋失，提高地温，对多雨烟稻轮作区采用地膜覆盖栽培，可缓解多雨对烟株生长发育的不利影响，提高烟叶品质和产量。

（4）为保持井窖形状和保证井窖微环境，提高井窖式移栽的效果，采用地膜覆盖栽培可防止雨水冲刷破坏井窖形状和保护井窖微环境。

（5）为保障地膜质量和便于地膜的田间回收，应选用由各省烟草行业统一由招投标采购，厚 0.01mm 以上的无色、双色、黑色或银灰色地膜，鼓励使用性能良好的可降解膜。

（6）为保障地膜覆盖效果，覆盖薄膜最好在土壤持水量 50%～60%、无风的时候进行，覆膜时要使地膜紧贴垄体，拉直不起皱，四周用细土覆盖压严、压实，使地膜与垄面紧紧相贴呈相对的密闭状态，做到大风掀不开。发现有破洞要及时用土封严，真正收到保温、保水、保肥的效果。

（7）覆膜时间。为提高移栽进度，实现集中移栽、快速移栽，需要在移栽前 10 天左右，在降雨后土壤墒情适宜时及时覆盖地膜，做好待栽的准备工作。在春旱少雨的区域，为了充分利用有效降雨，可根据降雨情况将待栽覆膜工作适当提早 15～20 天。

四、移栽

为提高烟叶生产质量，减少烟叶烘烤损失，在最佳移栽时期范围内，同一生产主体计划在同一烘烤设施中烘烤的烟叶应在同一天移栽、同一天管理，才能确保生长一致、成熟一致。为保证田间烟株的群体结构良好、烟株个体长势长相整齐一致，在最佳移栽时期范围内，同一基地单元在 10 天内、同一生产主体应在 3 天内移栽结束，并根据品种特性和土壤肥力合理确定种植密度。

（一）最佳移栽期确定

常规移栽气温稳定在 13℃以上，井窖式移栽气温稳定在 10℃以上；

使移栽后烟株旺长期与最佳的温度、光照、水分季节同期。贵州烟区的移栽期一般为 4 月 15 日~5 月 5 日。

（二）种植密度

根据品种特性和土壤肥力情况合理确定。

（1）中等烟田。种植密度 1000~1100 株，移栽规格为行距（1.1~1.2）m×株距（0.5~0.6）m。

（2）中下等烟田。种植密度 1000~1100 株，移栽规格为行距 1.1m×株距（0.50~0.60）m。

（3）中上等土。种植密度 1000~1100 株，移栽规格为行距 1.1m×株距（0.55~0.60）m。

（4）中下等土。种植密度 1100~1200 株，移栽规格为行距 1.0m×株距（0.55~0.60）m。

（三）移栽操作

为提高移栽成活率，促进烟株早生快发，常规移栽适宜在阴天或雨后转晴的天气下进行，此时土壤较为湿润，利于烟苗成活。移栽前要清洁双手、移栽工具及移栽机械等，防治污染烟苗（图 3.5）。

（1）常规移栽。移栽时，先用工具打一深窝，然后将烟苗放入窝内并培土，使茎秆全部埋入土中，只露出最上部 2 片真叶和生长点。在土壤水分低于 40% 时，每株需要及时浇淋 1.0~1.5kg 的定根水。在移栽当天傍晚，需喷施 1 次防治小地老虎等地下害虫的农药，在移栽后 3~5 天查苗补苗。

（2）井窖式移栽。移栽烟苗前，首先在垄体上使用专用井窖制作工具，按确定的移栽株距打制移栽井窖，要求井窖口呈圆形，直径 8~9cm，井窖深度 20cm 左右。然后，将烟苗垂直丢放于井窖内，并根据土壤墒情，每井施用 50~150mL（垄体墒情好施 50mL、中等施 100mL、较差施 150mL）专用追肥药液（2%~5% 的专用追肥加防治地下害虫的农药）顺井壁淋下，冲刷少量泥土掩埋烟苗 2/3 左右的根系。

(a) 手工制作井窖

(b) 机械计数打孔

(c) 井窖内的烟苗——剖面图

(d) 井窖内的烟苗——俯视图

图 3.5　移载操作

井窖式移栽宜实行工序化作业（表 3.1）。

表 3.1　井窖式移栽工序作业表

工序	工位	设备	工效/（亩/天）	时限/天	人员/个
制作井窖	制作井窖	打孔机 5 台	100	5	10
投苗	运送漂盘	—	100	5	10
	投苗	—			10
浇定根水	运送水	—	100	5	10
	浇水	—			10

按照 500 亩烟田为 1 个作业单元（20 座烤房）。由 10 人组成 1 个作业小组，配备 1 台打孔机，2 人打孔、4 人投苗、4 人浇淋定根水，每天

作业 20 亩。

a. 井窖制作。2 人轮班操作一台打孔机,按照株标地膜标志定点制作井窖。轮班休息人员,负责烟田废弃物的清理和回收。

b. 投苗。2 人负责漂盘运送和回收。2 人负责将烟苗投于井窖内。避免烟苗根部基质松散、脱落。

c. 浇定根水。2 人负责按 100kg 水兑 0.5~0.75kg 追肥,适量添加菊酯类防虫农药,并运送定根水。2 人负责浇淋定根水。保证根系基质充分与土壤接触。

(四)废弃物的回收和处理

移栽结束后,要及时将移栽环节产生的烟苗包装物、农药包装物等废弃物及时清除,带出田间,统一进行回收处理(图 3.6)。

图 3.6 废弃地膜的回收

第三节 田间管理

一、还苗期管理

为促进烟苗的早生快发,田间生长整齐一致,常规移栽烟苗还苗期的管理，主要是浇水保苗成活、防治地下害虫减少缺窝断行、及时追肥促进烟苗生长缩短还苗期，还苗期一般 7 天左右；井窖式移栽的烟苗，由于还苗期很短，一般只有 1～2 天，只需检查因地下害虫危害造成的缺苗即可。

（1）浇足定根水。为保证烟苗成活，移栽后如遇干旱天气，每天下午 16 点以后，要及时浇水保苗，浇水量以浇湿烟苗四周 10cm 土壤为宜。为防止人员中暑和浇水时烫伤烟苗，严禁中午烈日当空时浇水。

（2）防治地下害虫。为减少缺窝断行，保证田间烟株的整齐度，应对当地移栽季节的主要地下害虫及时选择烟草行业招标采购的高效低毒农药进行防治。

（3）查苗补缺。每天下午对田间烟苗生长情况进行检查，及时更换死苗、弱苗、病苗和因地下害虫咬食造成的虫伤苗。为了保证后补烟苗的成活，田间长相一致，要选择健壮的烟苗，在阴天或晴天下午 16 点以后进行补栽。

（4）第一次追肥。为促进烟株的早生快发，在移栽后的 7～10 天，即还苗期结束时要追施一次提苗肥，施肥量的多少按当地优质烟叶生产方案执行。为保证田间烟株生长整齐，对补栽烟苗及其他长势较弱的烟株应进行偏管，适量多施一点偏心肥。

二、团棵期管理

为促进根系生长，形成健壮的生长态势，团棵期管理的重点是对井窖进行填土封口和追肥管理，井窖式移栽烟苗的团棵期一般在 35 天左右。

（1）填土封口。为让烟株尽快长出更多的根系，提高对肥、水的吸收能力，当烟苗的生长点超过井窖口 2～3cm 时，要用细土向井窖内的空穴填土封口（图 3.7）。为有效利用高温晒死地膜覆盖下的杂草，地膜烟应用细土将膜口密封不漏气。

（2）追肥。为满足烟株生长后期的营养需求，移栽后 20～25 天，对井窖填土封口后，在距烟株约 20cm 处用直径 3～4cm 楔形圆木棍打深 15～

20cm 的圆孔，按生产技术方案要求，将配套的追肥施入孔内，灌水后用细土将施肥洞填实、填平。

图 3.7　适宜进行填土封口的烟苗长势

（3）中耕除草。为改善土壤墒情、提高土壤通透性、促进烟株根系生长和减少杂草及病虫危害，在气温回升快、热量条件较好的烟区，要及时揭掉地膜，结合追肥进行一次中耕除草和培土上高厢，并进一步清理排水沟，防止降雨造成积水伤害烟株。为防止在中耕除草时人为传播病毒病害，要先铲除健康烟株周围的杂草，最后铲除病株四周的杂草。为保护烟株根系不受损伤，垄体上距离烟株较近的区域浅锄，锄深 5～7cm；离烟株较远的垄沟可适当深锄，锄深 10～12cm，并结合进行培土。

（4）水分管理。为保障烟株生长有足够的水分，若遇干旱气候，在土壤持水量下降到 50%以下或叶片含水量减少 6%～8%后，烟株白天开始出现萎蔫时，就要利用烟水配套工程设施进行浇水灌溉。为不使烟株受到水蒸气的伤害和节约用水减少蒸发，浇水时间应在傍晚或清晨，采取喷灌或淋施的办法，以浇湿表土以下 10cm 左右为宜。水源条件好、以自流灌溉的烟区，为节约人力成本，可以采取分段灌水或浅水灌溉的方法，以水面距垄面 10～15cm 为宜，吸湿后及时排出，切忌大水浸灌或长时间泡水。

同时，为保障烟株不受水淹伤害，应随时保持田间排水沟渠的畅通，确保雨后能将雨水及时排出，做到沟无积水。

三、旺长期管理

为协调群体生长整齐一致，形成足够的生物产量和良好的烟叶质量，旺长期管理的重点是揭膜、培土上厢、肥水管理和打顶抹芽管理，旺长期一般在 25～30 天。

（1）揭膜管理。为减少地膜对土壤的污染，所有地膜烟都要在移栽后 50 天内揭膜，不然后期由于地膜老化易形成碎片残留田间，不易清除。清除的地膜交由合作社统一回收处理。

（2）培土上厢。为促进不定根的生长，增强对营养的吸收能力，同时，改善田间小气候，减少病虫害发生，在旺长初期即井窖式移栽后 35～40 天，去除底脚叶后，结合中耕除草进行培土上高厢。培土高度 25～30cm，茎基部与细土紧密结合，充实饱满不留空隙，墒沟平直。培土与清理排灌沟渠相结合，便于及时排出多余的雨水，避免雨水滞留田间的时间过长。为降低黑胫病等根茎性病害的发生，培土上厢时要尽量减少对根系的伤害，减少病原物从伤口侵入的机会。为防止在培土上厢时人为传播病毒病害，要先对健康烟株进行培土上厢，最后对病株进行培土上厢。

（3）肥水管理。为保障烟株生长有足够的水分条件，旺长期要保持田间持水量近 80%。如果天气连续放晴，烟株叶片上午 10 点之前就表现萎蔫迹象、且土壤表面发白时，应及时灌溉，使烟地土壤持水量达 60%～70% 为宜；若雨量偏多，要及时排水防涝。对肥力充足，长势旺盛的烟田（地），要控制土壤水分，防止徒长。若烟株生长缓慢，叶片变成淡黄绿色，说明烟株脱肥早衰，应及时补充速效肥料。

（4）打顶管理。为有利于中上部烟叶的充分发育和成熟，提高烟叶的产量和品质，在移栽后 60～70 天，全田 50%～70% 中心花开放后，进行打顶，去除顶端优势，合理留叶。为有利于打顶后烟株的伤口愈合，打顶应在晴天上午或阴天进行。为避免打顶操作传播青枯病、空胫病等病害，严禁在雨天打顶，打顶应先打去无病烟株，后打去发病烟株的顶部花芽或有人单独打去有病烟株的顶芽。为保障上部烟叶的足够营养，打顶高度要根据品种特性和烟株的生长状况合理确定。一般 K326 留叶数 20～22 片，南江三号、毕纳 1 号、遵烟 6 号等品种留叶 22～24 片，云烟系列品种留叶 18～20 片。

（5）抑芽管理。打顶时抹除≥2cm 的腋芽，并采用市、州公司以上单位集中统一采购的化学抑芽剂，按产品说明书的使用浓度进行抑芽。打顶抹杈后的烟株残体全部带出烟田，与不适用鲜烟叶、病残叶一起，采取揞入稻田、埋入果园、抛入林间或远离烟地的荒地方式，集中进行统一销毁处理，保持田间干净、整洁，并不污染生态环境。

图 3.8　整理后的基本烟田（遵义县乐山镇）

第四章　专业化育苗服务

第一节　育苗专业队的组建与管理

育苗环节是烟叶生产的重要环节,其成功与否事关整个烟叶工作的成败,因此,只有组建一支合格的育苗专业队,并进行严格规范的管理,才能保障育苗工作的有效开展。

(1)入队条件。应选择初中以上文化程度、有 2 年以上育苗工作经验、身体健康的人员,优先在合作社社员中产生。

(2)技能培训。每个育苗专业队员应接受烟草部门的专职培训,熟练掌握育苗技能,并取得培训合格证后才能持证上岗。

(3)规章制度。育苗专业队要与每个队员签订服务协议,明确工作职责、服务内容、薪酬标准、监督管理措施和考核奖惩办法。

(4)人员配置。为便于服务和管理,每个育苗专业队设队长 1 名,队员若干,每个育苗工场至少配置 1 名消毒管理员专职负责育苗场地和设施的消毒工作。

(5)配套设施。应根据交通情况和服务面积,合理配备苗棚、剪叶机具等设施。

(6)福利保障。每年至少应对职工进行一次健康体检。编印安全知识手册,对员工进行有关如何避免危害和保护自身安全等方面教育,包括育苗工场内带电设施及机械设备的使用方法等。

(7)育苗管理。基地单元烟叶工作站根据种植计划与合作社签订育苗协议→合作社将育苗任务下达育苗专业队→未获上岗证的育苗专业队员送县级烟草部门组织技能培训→基地单元烟叶工作站配送育苗物资→按《育苗工作方案》要求进行壮苗培育→基地单元烟叶工作站进行成苗验收→按计划将验收合格的烟苗配送到烟农→服务费用结算。

第二节 苗床场地选择

苗床场地的选择既要考虑培育壮苗所需的水源、环境等因素，又要考虑配送距离、方便劳动等交通出行条件。

（1）为确保培育无病壮苗，应把水源条件和水源质量作为确定育苗地点的首要条件，选择有井水或自来水等洁净水源，不用受污染的河水、池塘水作育苗水源。为确保水源质量未受污染，应每年检测 1 次。

（2）为避免人类生活废水、畜禽等动物排放污水和工业企业产生的有害气体及污染物影响烟苗生长，育苗场所应选在远离冶金、水泥、化工等厂矿区，避开城镇生活区、畜禽养殖区等污染源 500m 以上，周围无有害气体、无大量扬尘的地点。

（3）为保证烟苗生长整齐一致，要求育苗池内水的深度、温度和肥料浓度要保持均匀一致，应选择地势平坦的地点。

（4）为提高苗棚温度，缩短育苗时间，应选择地形开阔、背风向阳的地方，有利于在晴天太阳光直射育苗棚提高育苗棚内温度；选择避开风口或风道、四周无高大树木或建筑物遮阴的地点，减轻冷风吹拂造成的温度下降和避免苗棚周围障碍物（如建筑、树木等）遮挡阳光而造成的温度下降；选在地下水位较低的地带，有利于地温的快速回升。

（5）为减少育苗及配送成本，应选择交通方便、靠近水源和电源的地点，并合理确定育苗规模。

（6）为避免下雨后苗棚内进水，影响育苗的正常进行，应选择在排水方便、迅速的地点，并在四周开好排水沟，严禁在地势低洼的区域进行育苗。

第三节 育苗设施建设与维护

育苗设施包括育苗棚、育苗池及相关附属设施。

一、常规育苗棚

有大棚、中棚和小拱棚 3 种类型。为提高采光效率和增温效果，育苗棚以南北走向为好。为不互相遮光和不影响通风，相邻育苗棚间需要间隔一定距离。

（一）大棚

棚架高、空间大、保温效果好，操作方便，受外界气温的影响比小拱棚和中棚小，揭膜、盖膜、通风排湿等均采用机械化操作，管理方便，但建设成本较高。有单体大棚和联体大棚两种类型。单体大棚长 40~60m，宽 8~12m，拱高 2.5m 以上，面积 240m² 以上；联体大棚长 40~60m，肩高 3m，顶高 5m，一般 4 跨相连，每跨宽 6~12m（图 4.1）。

图 4.1　大棚

（1）为使育苗大棚能长期有效运行，其支撑骨架应牢固结实、经久耐用，外形美观大方。

（2）为提高育苗质量、缩短育苗时间，应选择保温效果和透光性能良好的保温材料。

（3）为便于控制育苗棚内的温度和湿度，应配套相应的通风排湿设备。

（4）为防止高温对烟苗的影响，应配套遮阳网来降低温度。

（5）为有利于机械剪叶等育苗操作，育苗棚的高度应不低于 2.5m。

（6）为预防病毒病和虫害的发生，凡是与外界相通的门窗和通风排湿通道都要安装不低于 40 目的防虫网以隔离虫源。

（二）中棚

一般宽 3～6m，高 1.5～2.5m，长度不限，以不超过 30m 为宜。支撑的骨架选用竹竿、竹条，用聚氯乙烯无滴膜（厚度为（1±0.02）mm）覆盖。后期炼苗时加盖不低于 40 目防虫网。为防止高温对烟苗的影响，应配套遮阳网来降低温度（图 4.2）。

图 4.2 中棚

（三）小拱棚

投资小，取材方便，易于建造和拆除，育苗操作灵活。但由于棚架矮，热容量小，温度的缓冲能力小，昼夜温差大，受环境影响较大；对间苗、剪叶等育苗操作和温湿度管理，需要经常掀开和关闭棚膜，管理的工作量较大，劳动效率较低，育苗成本相对较高。在种植较为零星、分散、配送成本较高的烟区，可选择小拱棚育苗（图 4.3）。

图 4.3 小拱棚

（1）建设规格。棚高 0.8～1.2m；长度随地形而定，以容易更换垫底薄膜和池底找平为宜，一般不超过 20m；棚宽以便于操作管理、育苗盘入池后不留空穴、不超过薄膜宽度为宜，一般宽 1～2m；棚与棚的间距不少于 0.6m，避免棚间相互遮光，并利于通风和育苗操作。

（2）建棚材料。建棚所用的材料可就地取材，选用竹条、木条或钢筋等材料。棚架搭好后，用聚氯乙烯无滴膜（厚度为（0.1±0.02）mm）覆盖。后期炼苗时加盖不低于 40 目防虫网。光照条件较好的产区，要加盖遮阳网（遮光率 85%）。

二、立体育苗棚

由密闭的保温棚、多层育苗架、托盘式育苗池、育苗盘、增温补光和通风排湿设施组成。其优点是温湿度和光照可由人工调控，育苗时间缩短，可根据各地生态条件的差异合理调控播种时期，确保在最佳移栽期内移栽。培育配套井窖式移栽的壮苗只需要 25 天左右（图4.4）。

图 4.4　立体育苗棚

三、育苗池

为减少外界气温、地温对育苗棚四周边缘烟苗的影响，以及方便自动剪叶机械作业，应在育苗池距棚膜的两侧及两端预留 0.3～0.5m 的作业带。

（1）为便于育苗池底找平，育苗池长度应不超过 20m。

（2）为便于育苗操作管理和预防藻类（青苔）的滋生，育苗池长度和宽度应为育苗盘长、宽的倍数，放下育苗盘后四周不留空穴，不让水面暴露在阳光下为宜。

（3）为防止划破育苗底膜，池底应无砂石、草根、树枝等坚硬物体，应撒上一层细土或细砂，并用木板拍实。

（4）为防止地下害虫咬破育苗底膜，应由专业植保技术人员，在铺膜前施用 1 次防地下害虫农药。

（5）为保持育苗池的稳定，池埂应由坚硬、不变形的建筑材料制作。

（6）为便于通风透光和控制水的深度，埂高应不超过 0.1m。

（7）为便于压实底膜，埂宽应不低于 0.1m，并在埂面挖深 2mm、宽 30mm 的凹形槽，用 S 型弹簧压实底膜（图 4.5）。

（8）为便于操作管理和防止育苗操作时将污染物带入育苗池，育苗池间的作业道宽度应不小于 0.4m，位置低于育苗池埂 0.1m 以上（图 4.6）。

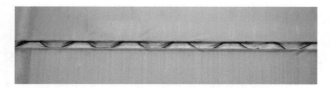

图 4.5 规范压膜示意图

图 4.6 育苗池及作业便道

四、配套设施

配套设施包括围墙、杀虫灯、警示标牌等。

（1）为防止无关人员和畜、禽等动物进入，育苗场地四周应有 1.5m 高以上的防护网或防护墙隔离（图 4.7）。

（2）为减少病虫害的发生和化

图 4.7 隔离防护设施

学农药的施用，育苗棚四周应配置一定数量的杀虫灯、黄板等防虫设施，种植适量宽度的小麦作为隔离带。

（3）育苗棚入口处应有醒目警示标志，标明育苗品种、数量、责任人员、无关人员禁止入内、严禁烟火等相关标志或图例（图4.8）。

图4.8　育苗工场内的警示标志

五、维护管理

育苗工作结束后，育苗专业队要明确1名人员负责设施设备的维护保养工作。

（1）对采取小棚育苗的育苗点，把可重复使用的钢筋等材料收集清洁后，统一入库管理，第2年再重复使用。

（2）对育苗使用的播种器、剪叶机具等电器设备，在使用结束清洁干净后，统一入库管理并每月定期进行通电试运行10分钟。

（3）对育苗大棚等设施的锈蚀、损坏部件及时进行更换处理，可开展空闲期间的综合利用。

（4）在烟苗移栽后一个月内，应收回育苗盘并清洗干净，晾干后统一入库存放。

第四节　消毒操作

要对育苗场地、育苗物资和育苗设施进行消毒。

一、场地消毒

包括育苗棚内和育苗棚外场地的消毒处理。

（1）育苗棚内的消毒处理。育苗前20天清除大棚内外杂物，平整苗池后立即消毒。可选用 25%的甲霜灵或 37%的福尔马林 200～300 倍溶液进行喷雾，喷雾结束后立即密闭大棚 3～5 天，然后卷起棚膜、打开门窗通风 3～5 天后才能进行播种育苗。

（2）育苗棚外的消毒处理。对棚外四周的空地、沟渠、走道，可喷洒 3%的生石灰水或二氧化氯等卫生消毒药剂进行消毒处理。

二、育苗物资的消毒处理

育苗物资包括育苗基质、育苗盘（漂浮盘或塑料托盘）、种子和育苗肥料。

（1）育苗盘（漂浮盘或塑料托盘）。为降低育苗成本，减少废弃物的产生，要求育苗盘要重复使用，年限不低于 3 年。为防止育苗盘在储存期间感染病菌，使用过的旧育苗盘必须经过消毒处理后才能用于烟苗培育使用。而新购入的育苗盘可不进行消毒处理。旧盘的消毒程序如下所述。

a. 在播种前 5～7 天，可选用以下方法进行消毒。①1%～2%的甲醛溶液或 0.05%～0.1%高锰酸钾溶液喷洒育苗盘后盖膜密封 1～2 天；②1%的生石灰水浸泡育苗盘 20～30 分钟；③30%有效氯的漂白粉配制 20 倍溶液浸泡 15～20 分钟；④10%二氧化氯消毒剂 500 倍溶液，每盘均匀喷洒 200mL 并密封 48 小时；⑤40%的育宝 200 倍溶液浸泡 15～20 分钟。

b. 消毒处理完毕后，用清水冲洗干净，干燥无异味后才能播种。

为降低育苗盘消毒的劳动强度和消毒风险，提高育苗操作效率，减少劳动用工和育苗成本，推荐将旧育苗盘与装盘播种机（器）、剪叶机、防虫网、棚膜等育苗设施一起放入密封严实的育苗大棚内，采用烟草育苗消毒机将专用消毒药剂（惠农烟雾剂）以喷雾的方式喷入大棚内，密封 24 小时后即可（图 4.9）。消毒处理结束后，要敞开大棚通风 48 小时才允许工作人员进入大棚取出育苗设施和旧育苗盘进行播种操作。

（2）育苗基质。为防止基质在储存期间感染病菌，从而使烟苗感病，要求当年采购当年使用，储存期不超过 3 个月。由于基质在生产时已经进行严格的高温消毒处理，在装盘播种时不需再进行消毒处理。

（3）种子、肥料不需要消毒。

（4）所有操作人员必须穿戴统一消毒处理后的工作服和鞋子（或鞋套），才能进入操作场地。

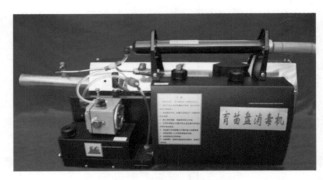

图4.9　育苗盘消毒机

第五节　播　种　育　苗

一、播种时间

根据当地的最佳移栽时间和历年的育苗点温度条件来合理确定播种期。常规漂浮育苗的苗龄掌握在 50～60 天为宜，井窖式移栽的烟苗苗龄掌握在 35 天左右，采用立体育苗用于井窖式移栽的烟苗苗龄掌握在 25 天左右为宜。

二、种子及物资准备

（1）种子由烟草公司统一供应，严禁使用自留、自繁和其他渠道来源的种子。

（2）育苗盘准备。由聚丙烯材料制成，苗盘可选择 160 孔、200 孔、322 孔的漂浮盘，旧盘需进行消毒处理。其中 160 孔按每亩 8 盘准备，200 孔按每亩 6 盘准备，322 孔按每亩 4 盘准备。

（3）基质准备。具有良好的物理性能，通透性好，化学性质稳定。育苗材料主要由泥炭土、碳化谷壳、膨胀珍珠岩和蛭石等按一定比例配置而成。按每袋基质供 2 亩进行准备。

三、播种作业

播种育苗按表 4.1 划分工序、设置工位，配备人员，实行工序化作业。

表 4.1　播种育苗工序化作业表

工序	工位	设备	工效	时限/天	人员/个
大棚清理消毒	大棚清理消毒	机动喷雾器 1 台	4 个单棚/人·天	4	1
浮盘清洗消毒	送盘				1
	操作机械	浮盘清洗消毒机 1 台	400 盘/小时	5	1
	接盘	—			1
铺膜加水	铺膜加水	—	4 个单棚/人·天	2	2
装盘播种	转运	推车			1
	送盘		400 盘/小时	5	1
	操作机械	装盘播种机 1 台			1
	接盘	—			1
运盘入池	转运	推车	1600 盘/人·天	5	1
	入池	—			1

（1）检查池底，清除尖锐物，铺膜并固定池膜，检查是否漏水。池膜平整，水深一致，池水清洁无污染。

（2）将专用育苗肥和防止生长青苔的硫酸铜，按育苗操作规程要求的浓度进行统一配制好后，加注到育苗池，加水深度 3～4cm。

（3）采用装盘播种机操作，1 人转运漂盘，1 人送浮盘，1 人操作机器，1 人接浮盘。检验基质质量。如果基质在储存过程中有结块成团现象，将基质重新过筛，使其充分均匀。对水分不足的要加水调节至 45%～55%，达到手握成团、落地即散为宜。检查浮盘底孔是否堵塞，有堵塞的孔须先钻通。基质水分适中，装盘基质松紧适度，播种均匀，每个孔穴为 1 粒种子，无漏播。

（4）采用人工播种的育苗点，装盘前先在地上铺一张干净薄膜，装盘时用直木板将基质推到盘的各个角落，装满 2/3 左右后轻拍苗盘使基质稍紧实，再将基质装满并轻拍苗盘，使基质装填达到每一孔都均匀一致，松紧适中，不出现架空或过紧。播种均匀，每个孔穴为 1 粒种子，无漏播。严禁用手拍压基质。播种后在盘面筛（撒）盖少量基质覆盖种子，以包衣种微露为宜。

（5）播种结束的育苗盘及时运至育苗棚入池，1 人负责用手推车将漂盘送入大棚，1 人负责将漂盘入池。育苗盘摆放整齐无空隙。预防病菌、杂物带入育池。24 小时后检查基质是否充分吸水，若有不吸水的种植孔，采用消毒过的细铁丝钻通，使基质吸水确保种子外包衣充分裂解。

第六节　苗床管理

苗床管理包括温度湿度管理、水分营养管理、间苗定苗、剪叶炼苗、成苗配送和废弃物管理（表 4.2）。

表 4.2　苗床管理工序化作业表

工序	工位	设备	工效	时限/天	人员/个
水肥、温湿度控制	水肥、温湿度控制	—	—	60	1
间苗定苗	间苗定苗	—	100 盘/人·天	5	32
剪叶炼苗	剪叶炼苗	剪叶机 1 台	4 个单棚/台·天	4	2
成苗配送	搬运上车	专用运输车 2 辆	400 盘/车	5	4
	运输发放浮盘回收				2

一、温湿度管理

种子萌芽至出苗前膜内温度应保持在 15～25℃，这段时间必须盖严农膜严格保温，促进种子的裂解萌发。出苗后应预防低温，防止烟苗冷害；棚内温度过高时，应及时揭膜通风降温，棚内温度控制在 30℃以下。出苗前应保湿，促种子萌发。出苗后当棚内相对湿度大于 70%时，应加强通风排湿。中棚和小棚，除在棚的两侧分别开三个通风孔（高约 20cm、宽约 30cm）外，还需打开棚的两端进行通风排湿；大棚要开启换气扇和揭开两侧的塑料薄膜进行通风排湿。

二、养分和水分管理

第一次加水 3～4cm 深，当烟苗长到大十字期间苗后，将营养池内水加至 6～8cm，以利于通风透光。应选择清洁、无污染水源。加水过程中，注重加水器具的清洗，实施清洁作业，防止池水污染。第一次施肥，在苗盘入池前，将专用育苗肥按 10g/盘的标准溶解于桶中，充分搅拌均匀后直接倒入育苗池中。第二次施肥，在 2～3 片真叶间苗后施用，按照 20g/盘的标准将专用育苗肥溶解于桶中，取出浮盘将肥液注入池内搅拌均匀。硫酸铜按照 1g/盘的标准，在苗盘入池前先用温水将其溶解，然后采用五点注入法施入苗池中搅拌均匀。

三、间苗

为保障烟苗生长整齐一致，在大十字期采用镊子等辅助器具，去掉播种时多播的烟苗、长得特别大的烟苗和出苗晚、长得小的弱苗，每穴选留 1 株整齐一致的烟苗。对缺苗苗穴，选择健壮烟苗进行补苗，确保一穴一株苗（图 4.10，图 4.11）。

四、剪叶炼苗

在烟苗长至封盘、茎高约 4～5cm 时，进行第一次剪叶，控大促小，调整烟苗整齐度。为有利于剪叶后的伤口愈合，减少病毒病害的感染机

图 4.10 适宜井窖式移栽的   图 4.11 适宜井窖式移栽的烟苗——群体
        烟苗——单株

会，剪叶操作前要用消毒药剂对操作人员的手和剪叶器具进行消毒处理。剪叶应选择晴天的上午 10 点至下午 4 点之间叶片干燥时进行，每剪一厢苗床消毒一次。井窖式移栽的烟苗，剪一次叶后再次封盘时即可进行移栽。常规移栽的烟苗，第二次剪叶在茎高 7～8cm 时进行平剪，剪掉叶面的 2/3 即可。常规移栽的烟苗移栽前 7～10 天要采取控水、控肥和揭膜的方式炼苗，以烟苗中午萎蔫，早晚能恢复为宜。炼苗不少于2 次。移栽前两天停止炼苗，把苗盘放入营养池内，让烟苗充分吸足水和肥。

五、定苗

为保证移栽工作有序开展和预防烟苗感染病毒病害，应根据烟农种植收购合同约定的种植品种、面积和分区域移栽计划，在移栽的前一天由专人剔除病苗、弱苗，然后选择生长整齐一致的健壮烟苗作为配送移栽用苗，并作好标记。相对生长较小的烟苗，待经过进一步培养达到移栽用苗标准后，作为补充用苗准备。

六、烟苗配送

烟苗的配送由起苗、登记、配送 3 个环节组成。

（1）起苗。为提高烟苗的利用率和减少病毒病害的传播机会，在移栽当天的清早，由育苗专业队伍按规范的消毒程序对工作人员和操作工具进行消毒后，按配送计划，将前一天确认的烟苗从育苗池中起出。

（2）登记。为提高配送效率和便于进行质量责任追溯，起好苗后，以 100 株为单位进行包装，按配送需求登记好品种、数量、配送地点、配送时间、接苗烟农姓名与联系电话、配送责任人、育苗地点及育苗负责人等相关信息，交由专业配送队伍按配送信息及时进行配送。

（3）配送。为防止烟苗在配送过程中感染病菌，要求配送人员统一配置经过消毒处理的服装和手套等装备，并对运送烟苗的专业化服务车辆、装苗器具统一进行消毒处理，实行清洁运输。为防止烟苗在运输和装卸过程中受到损伤，要求装卸时要轻拿轻放，距离远的先装、距离近的后装，在运输过程中要中速平稳行驶，避免造成相互挤压。为保障移栽烟苗质量，配送时间宜在上午进行，到达配送地点后要按配送信息及时发放，确保当天配送的烟苗当天移栽。

七、废弃物管理

废弃物管理包括植株残体、育苗废水、废弃的农膜和育苗盘、植保产品包装物等。

（1）间苗后剩余的烟苗、剪叶时剪掉的碎叶、移栽剩余的烟苗及病残苗，应及时清理出苗床，统一集中在远离烟叶种植地的荒地深埋处理。

（2）育苗结束后剩余的废水可在水稻、蔬菜等农作物上使用，严禁排入河道。

（3）不能再重复使用的废旧育苗盘和塑料薄膜，交由废旧物资回收站集中处理。

（4）废弃的农药、化肥包装物，应在回收后进行集中处理。

图 4.12 道真县烟区

图 4.13 乐山烟叶工场之育苗工场

第五章　专业化有机肥积制服务

第一节　有机肥积制专业队的组建与管理

一、专业队的组建

（1）人员要求。具备初中以上文化程度，年龄 18～55 周岁，身体健康、四肢灵活、无不良嗜好、能吃苦耐劳、有较强组织纪律观念的人员。应优先吸纳合作社社员作为专业化服务队员。

（2）人员配置。为便于服务和管理，每个有机肥积制专业队设队长 1 名、质量管理员 1 名，队员若干，每个环节最少有一名熟练工。

（3）技能培训。每个有机肥积制专业队应依据基地单元年度种植面积所需要积制的有机肥数量，确定所需有机肥积制专业队队员人数，并按需求人数的 1：1.3 以上比例组织人员接受烟草部门有关有机肥积制的专职培训，熟练掌握有机肥积制技能。

（4）入队程序。参培人员在取得培训合格证后向合作社提出入队申请，经审核通过后，签订服务协议，才能成为有机肥积制专业队队员。服务协议包括工作职责、服务内容、薪酬标准和考核奖惩办法等。

二、专业队的管理

（1）签订协议。烟用有机肥积制工作实行合同管理。一是由合作社与烟叶工作站签订烟用有机肥积制服务协议，明确烟用有机肥积制计划、进度安排、质量要求、烟草部门补贴标准及结算方式、监督管理及违约责任等。二是由合作社与烟农签订供应合同，内容涉及供应地点、供应时间、供应方式、收费标准、费用结算方式、不合格烟用有机肥的处理、违约责任等。

（2）服务定价。烟用有机肥供应价格由合作社、烟草部门、烟农代表三方共同确定。其中，支付有机肥积制专业队队员的工资标准不能低于利润总额的 85%，其余的 15%作为合作社管理费用。有机肥积制专业队队长和质量管理员的工资由合作社从管理费中支付。

（3）运行流程。合作社向有机肥积制专业队下达服务任务，以市场化方式运作，在规定的服务时间期限内开展烟用有机肥的积制工作。其运行流程为：合作社与基地单元烟叶工作站签订烟用有机肥积制服务协议→合作社依据与基地单元烟叶工作站签订的服务协议与烟农签订供应合同→合作社将烟用有机肥积制任务下达有机肥积制专业队→有机肥积制专业队组织人员参加县级烟草部门的技能培训→有机肥积制专业队收购原料并按技术方案开展烟用有机肥积制发酵工作→基地单元烟叶工作站进行产品质量验收→将验收合格的烟用有机肥进行称重包装→组织配送到烟叶生产主体→结账。

三、工作职责

（1）有机肥积制队长工作职责。

a. 负责有机肥积制专业队日常管理和积制场地卫生管理；

b. 负责有机肥积制设施设备运行管理与日常维护；

c. 负责组织积制队员参加各种培训；

d. 负责烟农供应合同、供应计划的审核和成品肥料的配送调度；

e. 负责烟用有机肥积制数量记录、汇总，为计算劳动报酬提供依据；

f. 对有机肥积制区域人员和设施设备的使用安全负责。

（2）质量管理员工作职责。

a. 负责烟用有机肥原料质量的验收和日常管理；

b. 负责按烟用有机肥积制技术方案组织原料的投放；

c. 负责烟用有机肥积制发酵的指导和质量把关，对不合格烟用有机肥组织返工生产；

d. 检测、验收积制发酵好的烟用有机肥，对合格产品开具《烟用有机肥产品合格证》。

四、福利保障

在开展烟用有机肥积制服务前,要对所有服务队队员进行一次健康体检。发放烟用有机肥积制场所有关防尘、带电设施及机械设备的使用方法等方面的安全知识手册,配备统一的作业服装和相应的食宿条件,并开展有关如何避免危害和保护自身安全等方面的教育。做好防尘、通风、厕所等卫生安全设施设备的维护保养,确保正常使用。

第二节　场地选择和建设

一、场地选择

选择远离村寨,水源条件好、电力设施配套,交通方便、靠近山脚且地势较平整的非耕地区,严禁占用良田。

二、建设规模

按满足一个基地单元一年的需要,每季生产 1500～2000t 烟用有机肥测算,每个积制工场需占地 6～8 亩。

三、功能分区

按功能将场地规划为原料存放区、加工粉碎区、积制发酵区、计量包装区、成品堆放区、机具存放区和废弃液处理区。

四、场地建设标准

(1)原料存放区。用于作物秸秆、酒糟、药渣、牛圈肥等烟用有机肥积制原料的临时露天堆放,面积在 $300m^2$ 左右。

（2）加工粉碎区。紧邻原料存放区和积制发酵区，用于粉碎堆积物料，面积为 $100\sim120m^2$。

（3）积制发酵区。用于物料积制发酵，按每吨成品需 $5\sim6m^2$ 计算，面积 $2500\sim3000m^2$，两端设 5m 宽翻堆机调头通道。物料积制发酵带以采用的翻抛机尺寸大小为准，通常堆制规格为底边宽 2.0m 左右，上边宽 1.5m 左右，高 $1.2\sim1.5m$ 的梯形条垛，条垛之间间隔 0.5m 的原料废弃液排放沟，上盖栅栏式通风水泥板（硬塑料、铁板）起通风、排放废弃物的作用。积制发酵带两侧各留 $1\sim1.2m$ 宽通道，方便专业队员操作（图 5.1，图 5.2）。

图 5.1　有机施积制发酵区

图 5.2　有机肥条垛型堆制区建造示意图

（4）计量包装区。用于发酵成品再次粉碎后计量、装袋，面积 150m² 左右，有通道与发酵场连接，通过排水沟与发酵场隔开。

（5）成品堆放区。用于烟用有机肥成品的临时堆放，面积 150m² 左右。

（6）机具存放区。用于停放翻堆机、粉碎机、铲车，以及手推车等机具，面积 50m² 左右。

（7）废液处理区（池）。通常建于地下，与厕所的化粪池建在一起，容积 30m³ 左右。将发酵物产生的废液通过管道进入厕所的化粪池，产生的沼气可作为清洁能源。

（8）附属设施。

a. 物资库房。用于存放发酵菌剂、包装材料等物资，面积为 100m² 左右。

b. 办公室。用于开展办公与 pH、水分等相关检测。宜与物资库房规划在一起，面积 40m² 以内。

c. 值班室。规划建设于大门处，面积 10m² 左右。

d. 蓄水池。选择靠近发酵场进行规划建设，容积 30m³ 左右。

e. 厕所。男、女至少各 4 个蹲位，门口配套 2 个洗手池。

f. 围墙。采用简易钢丝护栏结构，高 1.6～1.8m。

第三节　生产设备配置与使用维护

一、设备配置

（一）生产设备

（1）秸秆粉碎（铡草）机：1 台，功率>7.5kW，处理能力 6t/h 以上；

（2）小型铲车：1 台，功率 24kW；

（3）翻堆机：1 台，功率 44～62kW，处理能力 600～800m³/h，翻堆跨度 200cm，翻堆高度 150cm；

（4）成品粉碎机：1 台（带传送装置），功率 22kW；

（5）电动缝包机：1 台。

（二）检测设备

（1）手持金属插针式 20%～80%水分检测仪：1 台；

（2）金属温度计：若干。

二、维护使用

（一）设备使用

必须由具有农机操作资格证的人员，根据设备使用说明书和安全操作规范使用设备，相关要求与农机专业服务队相同。

（二）设备维护

常规的清洁保养，由有机肥积制专业队负责，并明确专人保管，使用后统一存放在机具存放区。定期的专业维护和检修，交由专业的维修公司负责。

三、安全管理

按农机具的相关管理规定执行。

第四节　发　酵　工　艺

一、原料准备

（1）主要原料。玉米、水稻、小麦、油菜等作物秸秆；牛粪、羊粪、猪粪、沼渣等畜禽粪便；酒糟、药渣、糖渣等；油枯（油菜料）：指标要求油菜料 95 榨出粉，有机质≥70%，粗蛋白≥33%，粗灰粉＜8%，水分≤12%，粗纤维＜14%，含油率≥7%；无发酵、无霉变、无炭化、无异味、无异嗅、无异物、无虫蛀等杂质；不受污染。

（2）辅料。①钙镁磷肥或生石灰：用于调节酒糟等原料的 pH。②锯木屑：用于调节物料黏度。③砻糠：用于活化菌种和调节物料容重。④发酵菌种：符合 GB20287—2006 指标要求，有效活菌数≥$2×10^8$cfu①/g，呈金黄色，用量为 2‰～5‰。⑤尿素：符合 GB2440—2001 指标要求，用量为 1‰～5‰。

（3）覆盖物。宽度≥400cm，厚度≥0.006cm 塑料膜，用于覆盖物料，起增温和防水的作用。

二、物料配比

（1）秸秆有机肥的物料配比。根据各地原料的差异，选择表 5.1 中所列物料配比中的一种（其他秸秆和畜禽粪便可参照该比例）。

表 5.1　有机肥堆置物料配比表　　　　　　（单位：kg）

物料	配比 1	配比 2	配比 3	配比 4
玉米秆（干重）	500	600	700	800
牛粪（干重）	500	400	300	200
油枯（干重）	200～300	200～300	200～300	200～300
尿　素	7.6	11.0	14.4	17.9

（2）酒糟有机肥的物料配比（表 5.2）。

表 5.2　酒精有机肥的物料配比

物料	酒糟	钙镁磷肥	生石灰	作物秸秆	砻糠	发酵菌种
数量	1	2%～3%	2%～2.5%	7%～10%	1%～2%	0.2%
用途	主料	调节 pH	调节 pH	调节碳氮比	调节容重和活化菌种	促进物料发酵

---

① cfu，Colony-forming. Units，表示菌落形成单位，指单位体积中的活菌个数。

（3）药渣有机肥的物料配比（表 5.3）。

表 5.3　药渣有机肥的物料配比

物料	药渣	尿　素	作物秸秆	砻糠	发酵菌种
数量	1	0.5%	7%～10%	1%～2%	0.2%
用途	主料	调节氮源	调节碳氮比	调节容重和活化菌种	促进物料发酵

三、有机肥集中发酵操作流程与作业工序

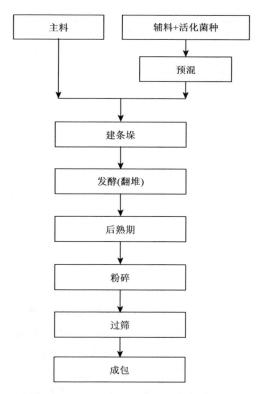

图 5.3　有机肥积制发酵示意图

表5.4 有机肥积制作业工序表

工序	工位	设备	工效	时限/天	人员/个
秸秆收购	搬运		40t/天	20	1
	称重、开票	磅秤			1
秸秆粉碎	喂料		40t/天	10	4
	机械操作	粉碎机2台			2
	转运				2
物料堆制	操作铲车	铲车1台	200t/天	5	1
	添加辅料				1
	垛堆整形与盖膜				4
机械翻堆（3次）	操作翻堆机	翻堆机1台	500t/天·次	6	1
	垛堆整形、揭盖膜				4
成品粉碎	操作铲车	铲车1台	100t/天	5	1
	喂料				4
	操作	粉碎机2台			2
计量包装	装袋	装袋机1台	100t/天	5	2
	称重计量				1
	缝袋				1
转运储存	转运	手推车	100t/天	5	1
	装车				1
	堆放及标志				2
配送到户	组织装运		50t/天	10	5
	装车运输	运输车辆5辆			5

注：按每批次生产成品500t的有机肥堆制工场为1个作业单元

（一）秸秆有机肥

（1）秸秆收购。堆制前20天收购。按2人一组，1人负责搬运，1人负责称重和开票。所收购作物秸秆含水量≤20%，无重金属及农残污染，每吨秸秆能加工生产成品0.5t以上。秸秆采购应使用统一的票据结算，并建立采购数量台账。每天所采购的秸秆应妥善保管，注意防火（图5.4）。

（2）粉碎物料。秸秆采购到场后及时组织进行粉碎。1台粉碎机，4人一组，2人喂料、1人控制机械操作、1人负责粉碎后秸秆转运。粉碎后秸秆长度应小于5cm。操作过程中应注意防止机械伤人、触电等安全事故发生。

（3）物料堆制。6 人一组，1 人操作铲车转运粉碎后的秸秆、1 人添加发酵辅料，4 人负责垛堆整形与盖膜。

a. 在堆制前 1～2 天，将粉碎后的秸秆和干畜禽粪（湿料不需要补水）用喷清水的方法将秸秆水分调整到 65%～75%。

b. 菌种制备。根据主要原料的种类和发酵季节的温度条件，依据说明书确定菌种的用量。在使用前先将菌种与砂糖按 1∶2.5 的比例进行活化和扩散，待充分搅拌均匀后，再与 5 倍菌种量的锯木屑搅拌均匀备用。

c. 混料堆制。在堆制时，先在垛堆最底层应铺上一层未粉碎的秸秆，以防止通风沟被堵塞。再将调节好水分的主要物料（秸秆）平铺在最底层，堆 30～40cm 高后，将尿素、活化后的发酵菌等辅料，按规定用量均匀撒施在秸秆上并拌入，然后将畜禽粪均匀铺在秸秆上，即完成第一层的堆制。按此方法交替堆制至 90～120cm 高后，立即覆盖塑料薄膜防水、增温即可。堆制形状为下底宽 200cm、上底宽 100～120cm、高度约 90～120cm 的梯形条垛。为不影响条垛的通风透气，单个条垛长度一般以不要超过 10m 为宜。

图 5.4　有机肥积制工场

（4）机械翻堆。当发酵堆中心温度升至 50℃以上时，并维持 5 天后进行第一次翻堆，以后每 10～20 天翻堆 1 次，共翻堆 3～4 次。5 人一组操作，1人操作翻堆机，4人负责垛堆整形与揭盖膜。最后1次翻堆需要按规定添加油枯。翻堆后应将垛堆整形，保持梯形，下底宽200cm、上底宽100～120cm（图5.5）。

图5.5 机械翻堆

　　a. 添加油枯。在发酵结束前20天左右，将油枯按比例均匀铺在发酵堆上，通过翻堆将油枯与其他物料搅拌均匀，再堆制20天左右，即完成发酵过程。若加油枯后，条垛内温度超过60℃，应及时翻堆降温，防止油枯炭化。

　　b. 水分控制。发酵完成后在装袋前检测水分，超过30%的，应在晴好天气将塑料膜揭开，通过翻堆散发水分，控制水分在30%以下装袋。

　　c. 翻堆机必须专人操作，每次翻堆后应将垛堆用农膜盖严盖实。

　　d. 发酵时间。每次堆制发酵时间为90～120天。

　　（5）成品粉碎。物料发酵结束，发酵好的物料外观为褐色或黑褐色，无恶臭，粉碎后成品呈粉状、无残茬与机械杂质。发酵好的物料含水量过大时，应摊晾调节水分含量至30%以内。水分含量低于30%时进行粉碎。1人操作铲车将发酵好的物料转运至粉碎场地。粉碎时3人一组，1人负责粉碎机操作与控制，2人负责喂料。粉碎操作过程中注意防止机械伤人等安全事故发生。

　　（6）计量包装。物料粉碎后进行计量包装。4人一组操作，2人负责装袋，1人负责称重计量，1人负责缝袋。用薄膜编织袋或塑料编织袋衬聚乙烯内袋包装，每袋重量25kg，误差在±0.25kg内，无漏包、破包现象。

包装袋上应注明：产品名称、净重、总养分含量、有机质含量、水分含量、生产者名称。应做到当天粉碎的成品当天包装完毕。

（7）转运储存。包装后及时将成品转运储存。组织人员将装袋成品转运至临时库房存放，采取 4 人一组轮换操作，1 人使用手推车转运，1 人负责成品装车，2 人负责成品堆放与登记标志。运输过程中应防潮、防晒、防破裂。库房清洁卫生，成品堆放整齐，垛与垛之间间距 1m 左右。每垛堆放包数一致，并标志装袋日期、堆放数量等。

（二）酒糟有机肥发酵工艺

（1）水分调节。酒糟水分控制在 50%～65% 为宜，判断方法以手紧握酒糟时可以握成团状，有水迹出现，但水不滴出，当手松开后，酒糟随即散开为最佳。若含水量过高，可添加秸秆类干燥物调节，若含水量过低，可适量补充水分调节。

（2）pH 调节。新鲜酒糟的初始 pH 一般在 4～5，加入 2%～3% 的钙镁磷肥调节酸碱度，利于微生物的活动，减少氮素损失；若 pH 过低可适量加入生石灰。

（3）碳氮比的调节。新鲜酒糟的碳氮比（C/N）为 11～15，最佳有机肥发酵碳氮比为 14～20，建议添加 7%～10% 的秸秆调节碳氮比，加速酒糟有机肥的快速腐解。

（4）通风量与通风频率。新鲜酒糟进行好氧堆肥化生产，通风供氧是基本生产条件之一，堆肥前期应以好氧为主，利于矿质化过程；后期应停止供氧，利用腐殖化过程减少有机质和已形成腐殖质的消耗并且减少氮素的挥发。强制通风应为每分钟 $0.05～0.2 m^3/m^3$ 酒糟。

（5）温度要求。

①堆制两天就必须进行第一次翻堆，避免堆体内形成厌氧环境。②堆肥发酵最佳温度为 50～65℃，严禁超过 70℃。③堆制后温度上升到 55℃ 时开始进行翻堆。④正常情况下每隔 1～2 天翻堆一次，翻堆总数为 5～8 次。⑤堆肥温度降到 40℃ 以下时，移库自然堆制（堆高 2m 左右），后续二次发酵半个月，水分在 30% 以内后，即可进行成品包装（图 5.6）。其他作业要求同秸秆有机肥发酵工艺。

图 5.6 堆肥内部温度测定

四、质量要求

（1）外观：褐（黑）色或灰褐色，结构疏松，无机械杂质，无恶臭。
（2）技术指标表（表 5.5）。

表 5.5 技术指标表

项 目	指标
有机质含量（以干基计）（%）	≥45
总养分（N+P$_2$O$_5$+K$_2$O）含量（以干基计）（%）	≥5.0
水分（游离水）含量（%）	≤30
pH	5.5～8.5

（3）重金属含量表（表 5.6）。

表 5.6 有机肥重金属含量要求

项 目	指标
总砷（As）（以干基计）（mg/kg）	≤15
总汞（Hg）（以干基计）（mg/kg）	≤2

续表

项　目	指标
总铅（Pb）（以干基计）（mg/kg）	≤50
总镉（Cd）（以干基计）（mg/kg）	≤3
总铬（Cr）（以干基计）（mg/kg）	≤150

（4）蛔虫卵死亡率≥95%，类大肠菌群数≤100 个/g。

（5）生物活性指标测定。采用堆肥水浸提液对种子萌发的影响作为生物指标衡量堆肥的腐熟化程度。发芽指数达 50%以上时，有机肥已发酵完全可用于田间生产。

方法为用去离子水将新鲜样品的含水量调节至 75%后备用，并将此样品与去离子水按 1∶10（质量比）混匀，水平摇床上震荡 2 小时，静置 30 分钟后用滤纸过滤，滤液备用。将 5mL 的滤液加入到直径为 9cm 并铺有滤纸的培养皿中，每个培养皿中放入 20 粒大小相等、籽粒饱满的烟草种子。将其放置在（25±2）℃的培养箱中，避光培养 3 天，同时以去离子水为对照，每个样品重复 3 次。

发芽指数=（滤液组种子发芽率×滤液组种子发芽根长）/（对照组种子发芽率×对照组种子发芽根长）×100%

（6）有机肥的质量追踪。为保证有机肥质量，完善发酵过程监管，每批产品的生产、检验结果应存档记录，包括检验项目、检验结果、检验人、批准人、检验日期等信息。

第五节　废弃物管理

（1）原料收购中掺杂的塑料、布条、纸张、废铁、木材等杂物，要及时清除，分类集中堆放。

a. 塑料制品要与不能再重复使用的废旧塑料薄膜，统一回收，由合作社集中清洗后，卖给废品回收公司处理。

b. 废铁等金属废品，由合作社集中卖给废品回收公司处理。

c. 布条、纸张、木材等可燃物品废料，在烟叶烘烤时作为能源燃烧使用。

（2）成品包装中发现的杂物要及时清除，处理方法同上。

（3）有机肥生产结束后，清扫场所产生的废水，要统一引入废弃液处理池，严禁排入河道或在水源地附近渗入土壤。

第六章　专业化机耕服务

第一节　机耕专业队的组建与管理

烟叶生产的专业化机耕，主要从事烟地的深翻、起垄、覆盖地膜、培土上厢和拨秆服务，要求会熟练操作使用农机具，懂得安全使用和常规维护。

一、专业队的组建

（1）入队条件。具有初中以上文化程度，年龄在 18～50 周岁，身体健康、无冠心病、无高血压、无不良嗜好，有较强的组织纪律观念。经培训获得县级农机部门资格认证，熟悉农机操作的人员。并优先在合作社内部成员中选拔具有农机驾驶证和 2 年以上农机操作经验的人员。

（2）人员配置。每个机耕专业队伍设队长 1 人、机耕队员若干。为节约服务成本和保证能在最短的时间内给烟农提供最快速的机耕服务，每个机耕专业队可下设若干小队，根据机械的最佳作业半径划定服务区域和配置机械数量。每个小队按机械数量的多少确定机耕队员人数，并至少配置 1 名常规保养员专职负责农机的日常保养。

（3）技能培训。为保障每个机耕专业队员的操作安全，并且服务都能得到烟农的广泛认可，应接受县级以上农机部门的专职培训，熟练掌握农机操作，并取得培训合格证后才能持证上岗。

（4）入队程序。参培人员在取得培训合格证后向合作社提出入队申请，经审核通过后，签订服务协议，才能成为专业机耕队员。服务协议包括工作职责、服务内容、薪酬标准和考核奖惩办法等。

二、专业化机耕运行管理

合作社与基地单元烟叶工作站签订服务协议→合作社与烟农签订机

耕服务合同→合作社将机耕任务下达机耕专业队→机耕专业队开展机耕服务→机耕质量验收→服务费用结算。

（一）签订协议

烟地的机耕工作实行合同管理。一是由合作社与基地单元烟叶工作站签订烟地机耕服务协议，明确烟地机耕计划、进度安排、烟草部门补贴标准及结算方式、监督管理及违约责任等。二是由合作社与烟农签订服务合同，内容涉及服务地点、服务时间、服务方式、收费标准、服务费用结算方式、不合格事项的处理、违约责任等。

（二）定价机制

烟地机耕服务价格由合作社、烟草部门、烟农代表三方共同确定。机耕队长和常规专职保养员工资由合作社从管理费中支付。

（三）服务开展

合作社向机耕专业队下达服务任务，以市场化方式运作，在规定的服务时间期限内开展烟地的机耕服务工作。

（四）工作职责

（1）机耕队长工作职责。①负责机耕专业队日常管理；②负责组织机耕队员参加各种培训；③负责烟农机耕计划的审核、调度；④负责烟地机耕操作记录、汇总，为计算劳动报酬提供依据；⑤对机耕工作人员的安全负责。

（2）机械队员工作职责。①负责按片区开展机耕服务；②服从机耕队长的指导和管理；③负责机械的日常保养。

（3）常规保养员工作职责。①负责机耕设施设备运行管理与日常维护；②负责机耕设备送外维修的把关。

（五）福利保障

在开展机耕服务前，要对机耕队员进行一次健康体检。发放有关设施及机械设备的使用方法、日常维护保养等方面的安全知识手册，配备统一的作业服装和相应的食宿条件，并开展有关如何避免危害及保护自身安全等方面的教育。

第二节　烟用农机具的配置

一、农机配置原则

（1）根据各地气候条件、各环节的生产作业计划安排时间，科学编制各环节作业时间，合理配置机械并适当提高机具配套比例，避免因产能过剩造成机械闲置（表 6.1）。

表 6.1　贵州烟区农机作业时间参考表

序号	生产环节	适宜作业天数/天	最长作业天数/天	单日作业时间/小时	单日纯作业时间/小时
1	翻耕	30	45	8	6
2	整地	25	30	8	6
3	施肥	15	20	8	6
4	起垄	15	20	10	7
5	覆膜	15	20	10	7
6	移栽	5	15	10	7
7	中耕	10	15	10	7
8	培土	10	15	10	7
9	拔秆	40	50	10	7

（2）调整优化种植布局，提高种植规模化程度和连片种植集中度，为机械集中作业、跨区作业创造条件；加强农机调配调度，促进农机作业供求信息无缝对接。

（3）树立机械化大生产的先进理念，合理配置农机手，实现人歇机不歇，最大程度延长农机有效作业时间，保证机械日作业时间不低于 8 小时。

（4）推广使用成熟的复式作业机械，倡导 1 机多用，减少购机数量，降低购机成本。

二、深耕翻犁及旋耕起垄机械配置

1. 拖拉机

目前各烟区主要使用 40 马力拖拉机和 80 马力拖拉机。

2. 小（微）型作业机械

目前各烟区以 9 马力、18 马力作业机械为主。

3. 配套机械

指适用于拖拉机和小（微）型作业机械挂配使用的各种规格铧式犁、旋耕起垄一体作业机具及小（微）型多功能机械配置旋耕犁。

4. 配置参数

（1）作业时限。翻犁 45 天，旋耕起垄各 20 天。

（2）日均作业时间。8～10 小时，机械在田间纯作业时间 6～7 小时。

（3）作业效率。80 马力以上拖拉机 5 亩/小时；40 马力拖拉机 3 亩/小时；其余小（微）型作业机械 0.6 亩/小时。

5. 配置要求

1）拖拉机配置标准

在基地单元可机耕范围内，以最长作业时间、机械满负荷作业为依据，全部连片面积（指机械能进地作业）每 500 亩可配置 1 台 40 马力拖拉机；全部连片面积（指机械能进地作业）每 800 亩可配置 1 台 80 马力拖拉机。以上机械不能作业的地块每 100 亩以上配置 1 台小（微）型多功能机械。

2）拖拉机适配机具

（1）40 马力拖拉机适配机具。1L325 铧式犁。土地黏性大或地形条件较差的烟区配 1L320 铧式犁。起单垄，旋耕、起垄作业幅宽 1.2m。若为旋耕起垄一体作业机，可分别进行旋耕、起垄的单独作业。

（2）80 马力拖拉机适配机具。1L425 铧式犁。起双垄，旋耕、起垄作业幅宽 2.4m。若为旋耕起垄一体作业机，可分别进行旋耕、起垄的单独作业。

（3）小（微）型机械。柴油动力，配套旋耕刀和起垄器，动力满足的可配置一体作业机。

3）配置数量计算

约定面积参数，即单元总面积为 S，可机耕面积为 SJ，40 马力拖拉

机作业面积为 S_{40}，80 马力拖拉机作业面积为 S_{80}。计算后取整，如 3.1～3.9，取 4。

（1）拖拉机（牵引动力）。

40 马力拖拉机台数=储备系数×S_{40}÷（起垄作业时限×作业效率×日均工作时间）；

80 马力拖拉机台数=储备系数×S_{80}÷（起垄作业时限×作业效率×日均工作时间）。

（2）铧式犁（翻犁机具）。

1L325 铧式犁套数=储备系数×S_{40}÷（翻犁作业时限×作业效率×日均工作时间）；

1L425 铧式犁套数=储备系数×S_{80}÷（翻犁作业时限×作业效率×日均工作时间）。

（3）旋耕起垄一体机（整地机具）。

1.2m 幅宽（单垄）台数=储备系数×S_{40}÷（起垄作业时限×作业效率×日均工作时间）；

2.4m 幅宽（双垄）台数=储备系数×S_{80}÷（起垄作业时限×作业效率×日均工作时间）。若单独配置旋耕机和起垄器，计算公式同上。

（4）小（微）型多功能一体机（自带动力）。小（微）型机动力配置台数=储备系数×（SJ-S_{40}-S_{80}）÷（旋耕作业时限×作业效率×日均工作时间）。小（微）型机具配置公式同上，储备系数为 1.5。动力满足的选择旋耕、起垄一体作业机具；也可分别选择旋耕刀和起垄器作业机具。

三、烟地地膜覆盖机械

根据烟草地膜覆盖的要求，我国现有地膜覆盖机体系中，有三种类型的机器可以选用。

（1）单一覆膜机。单一覆膜机是指在已做好的垄上或是已在深沟（穴）内栽好秧苗的垄上进行单一覆膜作业的机器。

（2）作垄覆膜机。作垄覆膜机是指在已耕耙、整平的田地上，起土作垄和覆膜一次进行的联合作业机器。小型机器一次做一垄，大中型机器一次可做二垄，适用于先覆膜后栽烟的农艺流程和较大地块及大面积作业。由于机器堆筑了形状整齐一致的垄，并且紧接着覆膜，作业质量好，工效高，有利于确保农时。

（3）旋耕覆膜机。旋耕覆膜机是指土壤旋耕、作垄和覆膜一次进行的作业机器。旋耕覆膜机需由拖拉机牵引，中小型机作业一次起一条垄，大型机作业一次可以起两条垄。适用情况与作垄覆膜机相同，膜下土壤更加细碎均匀，并可把预先抛撒在农田的有机肥与土壤混合均匀。

为提高机器作业的经济效益，各基地单元采用机器覆膜要从实际出发，因地制宜地从以下几方面考虑，选择适宜机型。①当地烟草地膜覆盖栽培的具体农艺要求，如垄的形状、大小及间距；采用先覆膜后栽烟，还是先栽烟后覆膜的流程；②覆膜和烟苗适栽的最佳标准等；③覆膜农田地块的大小、地形、土质、墒情以及作业时气候条件（解冻、降雨）。

总之，选用的机器既要适应与满足农艺要求，保证作业质量，其使用的基本条件又要得到保证，以确保正常发挥其功效。

四、烟地培土上厢机械

中耕是烟草大田前期管理的主要内容，可以起到疏松土壤，提高地温，蓄水保墒，调节土壤水分，促进烟草根系发育等作用。而培土可以起到增加活土层，便于烟田灌溉，防风防倒伏等作用。中耕后达到垄体饱满充实，垄沟平直（图6.1）。

图 6.1　JT10AX 中耕培土机

作业效率：单人操作，1.5～2 亩/小时

沟　　深：80～120mm

沟 底 宽：280～400mm

沟 面 宽：310～450mm

五、烟秆拔除机械

传统的烟秆收获，不但费工费时，而且收获不彻底，容易造成病毒害的传播；烟秆拔除机拔除烟秆干净彻底、不留残根，而且能把根系的土全部甩掉，在拔除秸秆的同时还具有很好的灭茬、平垄、保墒效果。

烟秆拔除机是拖拉机动力输出轴驱动的农机具，它是利用两组不同旋向的旋刀做旋转运动和机具前进的复合运动对垄上烟秆进行拔出作业（图 6.2）。

图 6.2　4YG—1A 型烟秆收获机

收获行数（行）：1

配套动力（kW）：18.4～25.7

旋刀转速（r/min）：270

作业速度（km/h）：2～5

整机重量（kg）：150

外形尺寸（mm）（长×宽×高）：880×700×840

工作幅宽（mm）：500

纯工作小时生产率（公顷/h）：0.24～0.6

旋刀形式：鼓型旋刀（2组）

六、农用残膜回收机

我国使用的地膜较薄，耐老化性及强度相对较低，覆盖时间长，加上地膜的封固采用压埋法，田间管理和收获时人为损伤较大，这些都为残膜的收集带来了困难。目前国内还没有完全成熟的机型可供选择，但一些通过鉴定的残膜回收机可以考虑使用，如IS0-2.0型塑料残膜回收机和IMS-80型塑料残膜回收机等。

第三节　机械化作业

一、机械化作业原则

根据不同生产环节作业特点，合理编排机组、匹配动力，提高作业效率；建立农机作业流程、作业规范与技术标准，实现作业效率与作业质量同步提高；与农机供应商、农机管理部门合作，加强技术培训，培养一批熟练掌握农机操作的专业服务队员，提高机耕手操作水平；强化农机日常检修保养，提高农机技术状态，减少田间准备和调整时间；因地制宜布局停放场所，合理确定农机作业半径，减少农机空驶距离，节约转移时间；积极开展土地整理，消除田间障碍物，扩大农机连片作业面积。

二、机械化作业工序、工位及人员配置

表 6.2　机械化作业工序表

工序	工位	设备	工效/ （亩/天·台）	时限/天	人员/个
烟地深翻	烟地深翻	中大型拖拉机 1 台， 配备铧式犁	25	40	1
整地	整地	中大型 1 台	25	20	1
		小微型 5 台	25	20	5
施肥起垄	施肥	轻简施肥车 3 台	20	20	3
	起垄	中大型 1 台	25	20	1
		小微型 5 台	25	20	5
拔秆	拔秆	拔秆机 151 型以上 2 台	20	50	2

注：按照 1000 亩左右的烟田为 1 个作业单元，配套相应机械，由专业机耕人员统一开展烟地机械深翻、整地、施肥、起垄等服务

三、机械化作业规范

（一）烟地深翻

（1）作业时间：每年 10～12 月。
（2）作业方式：采用中大型机具、配备铧式犁开展统一作业。
（3）作业标准：翻地深度 25～30cm，无漏耕漏铧现象。

（二）整地

（1）作业时间：每年 3 月上旬至 4 月上旬。
（2）作业方式：交通方便、地势平坦、面积较大的地块采用中大型机具作业，缓坡地或面积较小的地块采用小微型机具作业。
（3）作业标准：深浅一致，土表平整、土块细碎、土层疏松。

（三）施肥

（1）作业时间：每年 3 月中旬至 4 月上旬。

（2）作业方式：使用轻简施肥车统一作业。

（3）作业标准：施肥带宽度 15～20cm，同一地块标准统一，行直且施肥量均匀一致。

（四）起垄

（1）作业时间：施好底肥后及时起垄。

（2）作业方式：交通方便、地势平坦、面积较大的地块采用中大型机具作业，缓坡地或面积较小的地块采用小微型机具作业。

（3）作业标准：垄高 20～25cm、垄底宽 60～70cm、垄顶宽 30～40cm，做到垄体饱满、垄土细碎，垄直行匀。

（五）拔秆

（1）作业时间：采收结束后及时拔除烟秆。

（2）作业方式：使用中大型动力机械配套专用拔秆器具作业。

（3）作业标准：烟秆连同烟株根系一并拔除。

四、机械作业安全管理

（一）机械作业安全管理制度

（1）农机作业人员应取得农机管理部门颁发的农机作业资格证，执证上岗。

（2）合作社应定期组织机耕手进行安全作业培训，增强机耕手安全作业意识，提高安全作业技能。

（3）合作社应制订农机安全操作规程，并加强对机耕手安全作业的检查指导。

（4）合作社应为机耕手配备机械作业安全防护设施装备。

（5）合作社应为机耕手购买安全作业保险。

（6）合作社应为所有农机进行统一编号，并加装烟草农业专用标识（图6.3），由专人负责管理。

图6.3　农机管理编号及标志

（二）机械安全作业管理规范

1. 农业机械从事田间作业应当遵守下列规定

（1）对作业场地及周边环境进行安全查验，排除安全隐患，清理作业区域内的闲杂人员，在有危险的部位和作业现场设置防护装置或者警示标志，确认农业机械、作业场地及周边环境符合安全作业要求。

（2）使用的农业机械应当符合国家规定的农业机械运行安全技术条件及有关标准，保持机件完好、安全设施齐全有效，不得驾驶或者操作安全设施不全、机件失效的拖拉机或者其他农业机械。

（3）不得在使用国家管制的精神药品、麻醉品或在饮酒后及在患有妨碍安全作业疾病时驾驶拖拉机或者操作其他农业机械；操作员在规定的位置上操作，驾驶员与操作员之间有联系信号，不得超员、超负荷作业。

（4）清理杂物或者排除故障时，必须在停机或者切断动力后进行。

（5）悬挂式作业机械升起后，不得对其进行保养、调整和故障排除。

（6）拖拉机作业时，只准牵引一辆挂车或者一组作业机具，拖拉机悬挂、牵引的配套机具必须符合国家规定的技术标准。

（7）危险部位应当设置明显安全警示标志，在从事易燃作业时，必须安装防火罩，配备灭火器材。

（8）专营运输和兼营运输的拖拉机应当在机组指定位置上贴反光标志。

（9）不得具有影响农业机械安全作业的其他情形。

2. 农机转运

拖拉机等农业机械的操作人在进行转运时应当遵守下列规定。

（1）进行田间转场作业、维修、安全检验等需要驶入国道、省道的，其操作人员应当携带操作证件并减速慢行，确认安全后方可驶入，在道路上行驶时应当靠右行驶。

（2）在转运过程中，不得违规载客，不得在非乘坐（站）部位上坐（站）人，不得擅自增设座位或者踏板，不得超员、超速行驶。

（3）使用其他运输工具转运农机时，应捆绑牢固，防止相互碰撞或掉落损伤机具。

第四节　烟用农机具的维护保养

农机维修与保养能使农业机械在长时间作业或出现问题后尽快恢复良好工作状态，在农业生产"抢农时、保季节"中发挥着保障和支撑作用。同时，农机维修与保养也是一项见效快、潜力大的节能措施，可以促进农机高效低耗作业，实现农业生产的节能减排。

农业机械的技术状态往往随着使用时间的增加逐渐恶化，表现为工作质量降低，能量消耗增加，工作可靠性下降。出现技术状态恶化主要有以下几个方面的原因。

（1）因机械摩擦、热腐蚀及化学腐蚀等，机器零件尺寸、形状和表面质量发生变化。

（2）不断受交变载荷、振动和应力集中的影响，机器各运动零件表层小块剥落或断裂。

（3）在工作中受震动和冲击，机器的固定件和连接件松动，造成零部件工作失常。

（4）因工作中所用的燃油、润滑油、水以及空气等不清洁，发动机某些间隙、孔洞和通道被阻塞，技术状态恶化。

（5）金属件锈蚀、木质件变形以及橡胶和塑料件老化等原因导致机器损坏。

一、农机具维护保养要点

机器在工作之前，应采取逐渐增加机器的运转速度和负荷等方法进行试运转，将零件表面不平度逐渐磨平，使其几何形状上的缺陷逐渐得到修正，最后使零件获得一个较理想的工作表面，能保持良好的润滑，承受全负荷工作。

（1）紧固和调整。新的机械或大修后的机械各零部件虽已紧固和调整，但一经负荷作用和振动，可能产生连接件松动和失去正确的配合关系。因此，应通过试运转，对零件重新紧固和调整。

（2）排除故障。通过试运转，对机器技术状态进行细致检查，发现和排除机器在制造、修理和安装过程中存在的一些缺陷以及运送过程中的损害。

（3）柴油机试运转。①空运转。先使柴油机低速运转 1～2 小时，然后停机检查有无异常情况，之后进行中速运转 1～2 小时和额定转速运转 1～2 小时。②全负荷运转 10 小时。磨合前检查各零件的连接情况，然后用手摇转曲轴。在磨合过程中，要倾听机器声音，观察油压、水温是否正常。磨合完毕后，应放出油底壳、曲轴箱及机油滤清器中的机油，并更换新机油。

（4）拖拉机试运转。①发动机空转磨合。先使发动机低速运转半小时左右，然后停机检查有无异常情况，再中速运转 1～2 小时，最后在额定转速下转 1～2 小时。②拖拉机空行磨合。空行磨合应待发动机水温大于 60℃后进行，从低挡到高挡，先前进后倒退，每个挡位应分别进行左、右缓慢转弯。

（5）其他农业机械试运转。牵引式和悬挂式农业机械的结构简单，按说明书要求进行短时磨合。而自走式农业机械和一些结构复杂的农业机械，必须经过长期试运转，具体操作按各自说明书中规定条款进行。

二、农机维修保养中的注意事项

（一）维修过程中的注意事项

（1）忌将螺钉和螺栓使劲拧紧。拖拉机传动箱、气缸盖、轮毂、连杆和前桥等重要部位的螺钉或螺栓，其拧紧工具和拧紧力矩在说明书中有专门规定，如工具选用不当、拧紧力矩过大会造成螺钉和螺栓断裂，螺纹损坏。

（2）忌更换润滑油不清洗油道。润滑油经过使用后，油中机械杂质残留很多，即使放尽润滑油，油底壳及油路中仍存有杂质。尤其是新的或大修后的机车，试运转之后杂质更多，倘若不清洗干净就急于投入使用，很容易引起烧瓦、抱轴等意外事故。

（3）忌不按季节选用润滑油。不按季节选用质量合格和合适气温标号的润滑油，容易造成机车启动困难和烧轴瓦等不良现象。

（4）忌安装活塞用明火加温。活塞各部位厚薄不匀，热胀冷缩程度不一，容易引起变形。如用明火加温活塞达到一定温度，自然冷却后金属组织会遭到损坏而降低耐磨性，其使用寿命会大大缩短。

（5）忌安装气缸垫时涂黄油。如果在安装气缸垫时涂黄油，在遇高温后黄油会部分流失，缸垫、缸盖与机体平面之间产生缝隙，高温高压燃气易从此处冲击，毁坏缸垫，造成漏气。此外，黄油长时间处在高温状态下会产生积碳，造成缸垫过早老化变质。

（6）忌对新车不认真检查保养。农机新车在组装过程中要求的质量不高，难免会出现质量问题，在使用前一定要认真检查保养。检查保养的方法是：①检查三级空气滤清器中油盘内是否有机油；②检查各部位螺栓的紧固情况；③对喷油压力进行检查调整；④更换油底壳内机油。

（7）调试、修理或排除故障时一定要先切断电源动力。即使是皮带脱落等小故障，也不能为了抢时间，在未切断动力的情况下，直接排除故障或安装，不然容易造成伤亡事故。

（8）维修要彻底，关键安全部件决不能敷衍了事。不能维修时只求快速和节约修理费用，有问题还坚持使用，容易将小毛病造成大故障。

（二）闲置期间的有效保养

烟用农机具有较强的季节性，一年中使用时间短，闲置时间长。要保持机械良好的技术状态，有效地延长其使用寿命，闲置阶段的有效保养非常重要。

（1）闲置时期应尽快将农机内外的尘土、秸秆等杂物清除干净，再用压力水对整机进行冲洗（皮带、电器等须在清洗前拆下另置），并晾干。对于裸露的金属机件，表面可涂上一层废机油并粘贴报纸加以保护，脱漆部分最好补涂同样颜色的油漆。

（2）将农机存放于干燥通风、地高坚硬的车库内，并用木墩在轮胎附近的机架坚固处加以支撑，4个支撑点应在同一水平面上，以免机架变形。支撑高度以轮胎离地面20～50mm为宜，放出轮胎内的2/3气体，以免轮胎过早老化。把附属机械放下，归类堆放保管。

（3）存放场地应远离火源，并配备灭火器、沙土、铁锹等，以防不测。

（4）把所有的传动带拆下，擦拭干净，涂上滑石粉，挂上标明规格与传动部位的标签，挂在库内墙上保存；把所有滚子链拆下，用柴油或煤油清洗干净，沥干后放入废机油中浸煮（或在废机油中浸泡48小时），取出后沥净机油，再放入加温熔化了的黄油中蘸一下，然后用牛皮纸或耐油薄膜包好，存放于干燥通风处。

（5）拆下蓄电池，以20小时放电率使蓄电池完全放电，倒出电解液，用蒸馏水反复冲洗蓄电池内部，直至蓄电池内倒出的蒸馏水无酸味为止。将蓄电池倒置放在两根小木棒上，控尽水分晾干。将加液口盖拧紧，用蜡滴将盖上的通气孔封死。

（6）卸掉加在所有安全离合器弹簧及其他一些弹簧上的负荷，以免弹簧发生疲劳变形而影响其工作性能。

三、农机维护保养安全管理

（一）农机维护保养安全管理制度

（1）农机维护保养人员应取得农机管理部门、农机供应商颁发的农机维修保养作业资格证，执证上岗。

（2）合作社应组织维修保养人员参加农机管理部门、农机供应商的农机维修保养安全作业培训，增强安全作业意识，提高安全作业技能。

（3）合作社应根据农机管理部门的相关规定，制订农机维修保养安全操作规程，并加强检查指导。

（4）合作社应配备完善农机维修保养安全防护设施装备，农机维修保养人员应正确配带和使用。

（二）农机维护保养安全管理规范

（1）防压伤。维修作业最好在坚实的平地上进行，以防农机倾倒伤人。修理中的农机车辆，必须用三角木塞牢农机轮胎。使用千斤顶顶起车辆后，还应用支撑工具撑牢；放松千斤顶前，注意旁边是否有人和障碍物；检修液压车厢的管路，要在倾斜的车厢支撑牢靠后才可进行。

（2）防砸伤。在维修拖拉机时，应采用结实的钢丝绳、三脚架等吊卸发动机、变速箱，并且必须地脚稳固。若用吊车悬吊，重物下方始终不能有人通过或站立。

（3）防烫伤。在发动机高温特别是"开锅"的情况下，不要急于用手开水箱盖，以防被高温气体，特别是排气管排出的气体烫伤。应先把放水开关打开，待水压降低后再用毛巾等物包住水箱盖，并将身体和头脸偏向一边后再缓慢拧下。

（4）防腐蚀。配制蓄电池电解液时，必须采用陶瓷或玻璃容器，并将浓硫酸缓缓倒入水中。禁用金属容器，或稀释浓硫酸时将水倒入浓硫酸中。检查电解液高度和密度时，不要让电解液溅到衣服或皮肤上，以防腐蚀。

（5）防中毒。修理期间需要经常启动发动机，有时还要频繁进行气焊、电焊作业，室内往往充斥大量废气。因此，必须保持修理环境中空气流通，以免发生慢性中毒。

（6）防爆炸。油箱、油桶焊补前要彻底清洗干净，确认内腔无油气后才能施焊。此外，电瓶间应杜绝火星，防止蓄电池溢出的氢气和氧气积聚，遇上火花发生爆炸。

（7）防火灾。在车上维修电气设备时，应先卸下电瓶线再修理，不然易导致火线搭铁引起火花伤人。修理汽油机时不可出现明火，砂轮机附近不得搁置汽油盆。沾有废油的棉纱、破布等应及时妥善处理，不得乱丢。

（8）防触电。电气设备要可靠接地，开关设备要高过人头。电线老化或损坏应及时更换，以防触电或引发火灾。

第七章 专业化植保服务

第一节 植保专业队的组建与管理

烟叶生产的植保专业化服务相对其他专业化服务而言,其专业知识性更强,接触的是具有一定毒性的农药,危险性较大,要求会使用植保机具,掌握基本的药剂配制和废弃物处置办法。

(1)入队条件。为防止植保专业队员在作业过程中出现意外情况,应选择年龄在 18~50 周岁,具有初中以上文化程度、身体健康、四肢灵活、无冠心病、无高血压、无上呼吸道感染、无支气管哮喘、无皮肤过敏史及非哺乳期妇女,并优先在合作社内部成员中选拔。

(2)技能培训。为保障每个植保专业队员的服务都能得到烟农的广泛认可,应接受县级以上植保部门的专职培训,熟练掌握最基本的植保服务技能,并取得培训合格证后才能持证上岗。

(3)规章制度。植保专业服务队要与每个队员签订服务协议,明确工作职责、服务内容、薪酬标准、监督管理措施和考核奖惩办法。

(4)人员配置。为便于服务和管理,每个植保专业队设队长 1 名,队员若干;为节约服务成本和保证能在最短的时间内给烟农提供最快速的防治服务,每个植保专业队可下设若干小队,每个小队至少配置 1 名药剂配制员专职负责农药的配制,根据划定的服务区域进行有效作业。

(5)配套设施。包括植保器械和安全保护装置。

a. 安全保护装置。要有足够的个人安全保护装置,供其在施用农药、带电设备、机械设备等危险操作时进行个人防护使用。包括防止吸入农药气雾的口罩、防止药液直接接触皮肤的防水衣和手套。

b. 植保器械。应根据交通情况和服务面积,合理配备合适的植保机具类型和足够的数量,确保每个植保队员人手 1 台(套),并按 10%的比例配置备用（图 7.1）。

图 7.1　施用农药时穿戴的安全保护装备

（6）福利保障。每两年应对职工至少进行一次健康体检。人员工资、福利待遇标准应依照劳动法合理制定，并通过制度明确，按时发放。季节工、临时工等应按当地劳动部门的相关规定按时足额发放劳务费。为保障植保队员的年度收益，可采取兼职的方式增加收入。

第二节　烟用农药管理

农药是在植物保护中广泛使用的各种药物的总称。烟用农药通常是指用来保护烤烟及烟草产品免受昆虫、螨、软体动物、植物病原菌、鼠类、线虫及杂草等有害生物危害的各种无机和有机化合物及生物制剂。烟用农药的管理包括采购、供应、储存、使用和废弃物的回收等。

一、烟用农药采购和供应流程管理

（1）烟用农药的计划上报。基地单元应根据当地主要病虫害发生情况，提出当年农药需求计划，向县级分公司上报，县级分公司审核后上报地市级公司。

（2）烟用农药的招标采购。为保障烟叶生产安全、烟草产品质量安全和生态环境安全，烟用农药统一由省级公司依据中国烟草总公司每年发布的《年度烟草农药使用推荐意见》的推荐目录统一组织招标采购。

（3）烟用农药的组织供应。为保证烟用农药的规范供应，统一由各地市级公司根据省局（公司）招标采购的中标通知书与各供应商签订供货合同，按审核通过的需求计划在病虫害发生前 1 个月供应到县级分公司，县级分公司登记入库后再根据实际需要及时配送到各基地单元烟叶工作站。

（4）各基地单元烟叶工作站根据田间主要病虫害发生情况，结合病虫害预测预报资料和中短期气象预报，决定防治区域、防治对象、防治时间和防治方法，在实施防治的当天将所需农药配送到植保专业队，指导植保专业队员开展防治工作。

（5）植保专业队不得自行从市场上采购用于烟叶生产的农药，严禁使用在烟草上禁止使用的农药。

二、烟用农药的储存管理

（1）植保专业服务队所用农药统一储存在基地单元烟叶工作站的农药专用仓库，并与生活区分开。

（2）农药仓库应配制醒目警戒标志及其他安全设施、设备（图7.2）。

（3）农药仓库应通风、阴凉、干燥，远离火源或热源（图7.3）。

（4）农药仓库要根据农药的类型、性能、品种等特征，实行分区管理、分类储存，堆码规范，清洁整齐。

（5）农药仓库要建立农药进出库管理制度，完善管理台账，定期盘存，确保账物相符。

图 7.2　农药仓库防护用品及工作服存放间

（6）农药储存地点 10m 区域内应有洁净水源，急救箱（图 7.4）以及清晰的事故处理程序，包括应急联系电话、常见事故的基本处理步骤。

图 7.3　农药仓库配备的灭火器及沙桶

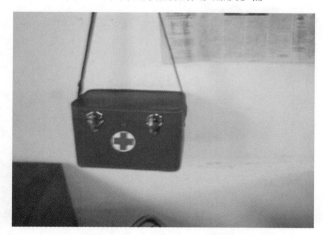

图 7.4　农药仓库配备的急救箱

三、烟用农药的使用管理

植保专业队在农药的使用过程中，应当遵守国家有关农药安全、合理使用的规定，按照规定的用药量、用药次数、用药方法和安全间隔期施药。

（1）农药领取。每次使用农药前，由植保专业队队长亲自到基地单元烟叶工作站农药存放仓库，根据合作社出具的农药使用通知单领取当天需要使用的农药，然后由烟叶工作站配送到施药地点。

（2）使用准备。从事农药喷洒前，植保专业队队长应检查每个植保队员是否按要求穿戴服装，戴防护眼镜、防尘口罩、防农药穿透的外衣，使用长手套，穿深筒鞋等防护装备和上岗证，确保持证上岗和防护到位，并询问每个队员的身体状况，以防带病施药出现意外。

（3）警示区设置。对农药的配制区和使用区域，从农药的配制开始至农药有效间隔期止，需设立醒目的"禁止进入"警示标志，在经常有人、畜通过的区域要设置防护设施防止人、畜进入，或派人专职守护，以免引起中毒事件的发生（图 7.5）。

图 7.5　施药作业时的警示标牌

（4）药剂配制。在设置好警戒标志后，配送人员才将农药交由专职药剂配制员按说明书推荐剂量配制。孕妇、经期和哺乳期妇女不能参与配药，更不能施药。

（5）包装物处理。药剂配制好后，药剂配制人员需将包装物统一集中收集，存放于回收箱（筐）内（图 7.6）。

（6）农药使用及防护。应注意以下 9 个方面。

a. 施药过程中，必须穿戴防护服、口罩、手套等必要的防护设备，严格按照药品的使用要求进行操作。

图7.6 农药包装物回收筐

b. 施药前需做好施药器械的维护和保养，防止结合部位漏药和反向喷射等现象。

c. 施药人员须采用顺风施药或单侧喷施方法施药，并保持正常步速，不得穿梭于已喷过药的烟草行间。

d. 施药期间，严禁饮食和抽烟，不能用手去擦嘴、脸和眼睛。

e. 喷头发生堵塞后，需用清水反复冲洗取出堵塞物，或用牙签、铁丝等疏通。

f. 严禁在大风天气或气温高于 30℃的中午施药，每天施药时间不能超过 6 小时。

g. 施药结束后，药械和防护服应集中到指定地点，由专职人员用清水清洗药械和防护服，晾干并存放于指定位置。操作人员应及时用肥皂或沐浴液洗澡，搞好个人清洁卫生。严禁在河流、小溪或井边等生活水源地清洗药械。

h. 施药过程中，如出现头晕、头痛、呕吐、胸闷、气急等症状，应及时脱离施药现场采取急救措施，并立即送到就近医院检查治疗。

i. 在塑料大棚内施用农药，间隔期到达后不能立即进入棚内作业，必须通风换气 30 分钟后，才可进入棚内作业。

四、烟用农药废弃物管理

（1）废弃药液管理。剩余药液及清洗药械、防护服的清洗液，应由药剂配制员统一回收到远离水源和生活区的荒坡处置，严禁倒入生活排污系统或农田、池塘等区域，防止农药污染环境，引起人、畜、鱼等生物中毒。

（2）废弃包装物管理。农药使用后产生的废弃包装物，由植保专业队队长交回基地单元烟叶工作站，并与发放数量核对无误后，才能凭基地单元烟叶工作站的废弃包装物回收单到合作社领取服务报酬。

第三节　主要病虫草害的综合防控技术

烟草病虫草害种类多，危害严重，主要病虫草害综合防控技术应从烟田生态系统的整体出发，以烤烟优质、高效、生态和安全生产为目标，以主要病虫害为主攻对象，贯彻"预防为主、综合防治"的植保工作方针，坚持突出重点、因地制宜、分类指导的原则，采取关键措施与综合技术相结合、科学预防与应急防控相结合、当前控害与持续治理相结合、化学防治与其他防控措施相结合的策略，以品种合理布局种植，结合良好的农事操作习惯等农业措施为基础，协调运用生物、物理、化学等其他各种措施，将烟田主要有害生物的种群密度控制在经济阈值允许的水平以下，达到经济、社会和生态效益同步增长的目的。

一、苗期主要病虫害的防控技术

苗期主要病虫害种类有病毒病、烟蚜、立枯病等，防控的重点是病毒病。

（1）色板及灯光诱杀。在苗床地四周每隔 20m 布置 1 张黄板诱杀蚜虫，每隔 100m 安装 1 盏频振式杀虫灯诱杀其他害虫（图 7.7）。

(a) 座桩式　　　　　　　　　　　　　(b) 杠杆式

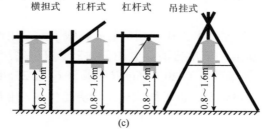

(c)

图 7.7　杀虫灯的田间放置方式

（2）物理防控。在苗床门窗、通风孔等位置安装防虫纱网，防止有翅蚜等带毒害虫迁飞进入苗床。

（3）育苗工场消毒。用 8%的漂白粉溶液对整个育苗工场进行喷雾消毒处理。

（4）育苗盘消毒。用 10%的二氧化氯消毒药剂采用喷雾法对育苗盘进行消毒（苗盘正反两面彻底浸湿），再用塑料薄膜密封 24 小时，用清水冲洗晾干后使用。

（5）育苗水源。确保育苗用水清洁无污染。

（6）间苗、补苗。间苗、补苗前先对操作工具彻底消毒，并将烟苗残体集中于残体处理池处理。

（7）剪叶。每次剪叶前先对操作工具彻底消毒，在剪叶的同时喷施 20%吗胍·乙酸铜可湿性粉剂 800～1200 倍、20%盐酸吗啉胍可湿性粉剂 300～400 倍、8%宁南霉素水剂 1200～1600 倍等药剂预防烟草病毒病害。

（8）其他管理措施。进入苗床地严禁吸烟，防止人为将病毒带进苗床地。

二、移栽期主要病虫害的防控技术

移栽期病虫害防控重点是蝼蛄、地老虎和有翅蚜。

（1）蝼蛄防控技术。移栽烟苗前，可用新鲜的杂草、树叶、菜叶等堆放在田间，天亮前集中捕捉，并将其投入放有食盐或生石灰的盆内，可使野蝼蛄很快死亡；田间撒施、条施或点施6%四聚乙醛颗粒剂（密达）500g/亩防治其危害。

（2）地老虎防控技术。移栽烟苗前或移栽当天，用泡桐叶或莴苣叶等诱捕地老虎幼虫，于次日清晨到田间进行人工捕杀；烟苗移栽前用25g/L高效氯氟氰菊酯乳油20～25g/亩兑水50kg或25g/L溴氰菊酯乳油1000～2500倍喷淋烟窝；也可移栽后结合浇定根水，用相同药剂灌根防治（图7.8）。

图7.8　地老虎

（3）黄板诱杀蚜虫。在集中连片烟田的上风口，每隔50m安放1张黄板，防治有翅蚜虫迁入烟田。

三、团棵、旺长期主要病虫害的防控技术

这一时期的防治重点是烟青虫、病毒病和气候性斑点病。

（1）铲除田间杂草。铲除田间杂草可减少病虫害滋生环境，降低病虫害的发生危害程度。

（2）烟青虫防治技术。在虫口密度小时，人工捉虫捕杀；虫口密度达到防治阈值后，可用 25g/L 高效氯氟氰菊酯乳油 20～25g/亩兑水 50kg 或 25g/L 溴氰菊酯乳油 1000～2500 倍等药剂进行防治（图 7.9）。

图 7.9　烟青虫及危害状

（3）病毒病防治技术。种植抗病品种，防控蚜虫传毒和危害；有效防控和清除田间杂草，减少侵染源；发病初期可用 20%吗胍·乙酸铜可湿性粉剂 800～1200 倍、20%盐酸吗啉胍可湿性粉剂 300～400 倍、8%宁南霉素水剂 1200～1600 倍等药剂防治（图 7.10）。

（4）气候性斑点病防治技术。在气象预报有连续低温降雨前，可用 36%甲基硫菌灵悬浮剂 800～1000 倍液等药剂进行喷雾防治，感病品种种植区域，需普防 1 次或 2 次（图 7.11）。

图 7.10　烟草病毒病

图 7.11　气候性斑点病

四、成熟采收期主要病虫害的防控技术

烟草黑胫病、青枯病、赤星病、白粉病、野火病、斜纹夜蛾等为烟叶

成熟采收期的主要病虫害，同时，也是防控的重点。

（1）田园清洁。保持烟田卫生，集中挖坑填埋处理底脚叶、病残叶、烟花、烟杈等烟株残体，并用生石灰覆盖，防止病源传播。

（2）烟草黑胫病防治技术。种植抗病品种，与非茄科作物轮作，发病初期可用 722g/L 霜霉威水剂 600～900 倍、68%丙森·甲霜灵可湿性粉剂 60～100g/亩、58%甲霜·锰锌可湿性粉剂 600～800 倍等药剂喷淋茎基部（图 7.12）。

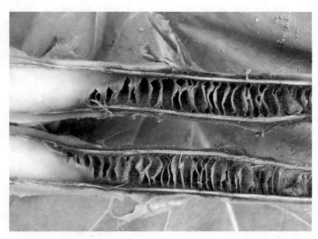

图 7.12 烟草黑胫病

（3）烟草青枯病防治技术。种植抗病品种，与非茄科作物轮作，发病初期可用 72%农用链霉素可溶粉剂 2000～3000 倍、3000 亿个/g 荧光假单胞菌粉剂 512～662g/亩兑水 50kg、0.1 亿 cfu/g 多粘类芽孢杆菌细粒剂 1250～1700g/亩等药剂灌根（图 7.13）。

（4）烟草赤星病防治技术。在烟叶进入成熟期后，容易发生赤星病，对赤星病的防治要掌握在雨前 24 小时内施用药剂进行防治，可用 40%菌核净可湿性粉剂 400～500 倍、3%多抗霉素水剂 200～300 倍等药剂喷雾防治。

（5）烟草白粉病防治技术。田间小气候湿度较大的烟田容易发生白粉病，在达到防治阈值后，可使用 36%甲基硫菌灵悬浮剂 800～1000 倍、

12.5%腈菌唑微乳剂 1500～2000 倍等药剂喷雾防治。

图 7.13　烟草青枯病

（6）烟草野火病防治技术。在发生野火病的烟区，在达到防治阈值后，可选择使用 72%农用链霉素可溶粉剂 3500～5000 倍、77%硫酸铜钙可湿性粉剂（多宁）400～600 倍、20%噻菌铜悬浮剂 100～130g/亩兑水 50kg、4%春雷霉素可湿性粉剂 600～800 倍等药剂喷雾防治。

（7）斜纹夜蛾防治技术。斜纹夜蛾的防治宜早不宜迟，早期可采取摘除卵块，田间放养鸡鸭等家禽啄食，降低虫口密度。在三龄幼虫前，虫口密度达到防治阈值时，用 5%高氯·甲维盐微乳剂 3000～3500 倍喷雾防治

（图 7.14，图 7.15）。

图 7.14　烟雾法防治斜纹夜蛾

图 7.15　斜纹夜蛾

五、烟田杂草的防控技术

烟田杂草与烟草争夺水分、养分、光照和空间，降低烟叶产量和质量，传播病虫害，直接或间接危害烟草，增加管理用工和生产成本。据相关研究报道，贵州烟田杂草有 35 科 160 余种。

（一）农业防除措施

农业防除是烟田杂草防除中最基本的也是最重要的方法，对烟叶和烟田环境安全，无任何农残污染，易操作，效果好。

（1）轮作。轮作是综合除草体系中的重要环节之一。如水旱轮作是有效防除水田和旱地杂草的重要措施。对水田、烟地杂草都有较好的防除作用。

（2）施用腐熟的有机肥。烟农施用的堆肥、圈肥等有机肥源，常混有大量的杂草种子，且保持着相当高的发芽力。若不经高温腐熟而施入烟田，就会增加田间杂草的发生量。因此，施用充分腐熟的有机肥，不仅可以减轻杂草的发生，而且还能提高烟地肥力。

（3）及时中耕除草。中耕可以防除已出苗的杂草，还可以挫伤杂草的地下繁殖器官，减轻草害。中耕要早、勤，在烟草旺长期之前和雨季到来之前，连续进行 2 次或 3 次中耕除草，是防除杂草的关键措施。

（二）物理防除措施

物理防除方法主要是在烟垄上覆盖有色薄膜、无色薄膜、除草膜等，控制杂草生长，达到除草目的。土壤湿度较适宜时要及时起垄，先条施肥料后再起垄，垄高 30cm，垄直、土细、垄体饱满。起垄后及时盖膜，覆膜时要拉紧，让膜紧贴烟垄，膜的四周用土压严实。

（三）化学防除措施

在烟田杂草化学防除中，需要根据当地烟田杂草的主要种类、发生特点及其用药时期等，合理选择苗前处理剂或茎叶处理剂进行防治，才能取得较好的效果。移栽烟苗前，可用 720g/L 异丙甲草胺乳油 125g/

亩、50%敌草胺水分散粒剂 200g/亩、40%仲灵·异噁松乳油 175g/亩等土壤处理剂，兑水 50kg 喷雾；杂草 2~3 叶期时，可选用 25%砜嘧磺隆干悬浮剂 5g/亩兑水 30kg 或 8.8%精喹禾灵乳油 750 倍等茎叶处理剂喷雾。在施用茎叶处理剂时，避免直接将药液喷洒在烟株上，防止产生药害。

第四节　烟蚜茧蜂的规模化繁殖与释放

蚜茧蜂防治烟蚜技术能降低蚜虫危害，减少蚜虫病毒病发生，减少农药使用量，降低烟叶农残，提高烟叶质量的安全性，持续有效地保护生态环境。人工繁殖和释放烟蚜茧蜂，是一种经济、生态、安全、实用的生物防治技术，不仅可以增加烟蚜茧蜂当年对烟蚜的控制作用，还有助于烟蚜茧蜂在当地形成较高的自然种群，逐步成为控制烟蚜的重要天敌，对烟蚜起到良好的控制效果。

烟蚜茧蜂人工繁殖过程中，油菜、白萝卜、红萝卜可作为烟蚜茧蜂规模化繁殖体系中烟蚜的理想越冬寄主，不仅能有效保育烟蚜的越冬种群，而且还会降低规模繁殖烟蚜茧蜂的成本。同时，需要注意繁殖烟蚜茧蜂所依赖的烟蚜，会传播多种烟草病毒，给烟草病毒病的发生带来风险。所以，人工繁殖与释放烟蚜茧蜂的同时，要结合更为经济有效的综合防治措施。

规模化繁殖与释放技术，一般按"保种→扩种→扩繁→田间释放"流程进行操作。

一、保种

（一）保种室建设标准

保种室应具备自动控温、控湿、控光功能，用于保种烟蚜、烟蚜茧蜂或菜蚜茧蜂。其建设标准是每间面积一般为 4m×5m＝20m²；温度范围

20～30℃，恒温精度±1℃；湿度范围 40%～85%RH[①]，精度±5%～8%RH；CO_2 调节范围 350～2000ppm；光照强度 5000～80000lx。采用智能模块式机组、网络化控制系统和风循环设计等，即光照、温度、湿度、CO_2 自动控制系统。

（二）保种方法

保种是蚜茧蜂繁育工作的重要环节，目的是保留烟蚜和蚜茧蜂种源。根据贵州省的气候条件，各地每年 10 月份需进入保种，以保证第二年扩种的需要。贵州烟区烟蚜及蚜茧蜂的保种方法主要采取室内交替繁殖法，即在保种室内种植烟草、十字花科等寄主植物，在寄主植物上循环饲养烟蚜和贵州蚜茧蜂，让烟蚜和贵州蚜茧蜂保存下来。同时，对其种源进行不断纯化，剔除烟蚜和蚜茧蜂种源不纯或体质较弱或被重寄生的蚜茧蜂，保持烟蚜和蚜茧蜂种源纯净。

二、扩种

（一）扩种设施

每个扩种点建 3 个扩种温室，分别扩种烟蚜、烟蚜茧蜂或菜蚜茧蜂。每个扩种温室面积为 9.6m×12m＝115.2m²。肩高 2.5m，顶高 3.33m，外遮阳高 4.0m。风载 0.35kN/m²，雪载 0.35kN/m²，吊挂载 0.35kN/m²，最大排雨量 140mm/h，电力参数 220/380V、50Hz。温室四周采用条形圈梁基础。整体采用轻钢结构承重，主骨架采用双面热镀锌冷轧板管材。顶部和四周均采用 5mm 优质钢化玻璃。具备防滴雾系统，排水系统，外遮阳系统，内保温遮阳系统，自然通风系统，高压雾化加湿系统，空调降温系统，升温系统，补光系统，电脑控制系统（图 7.16，图 7.17）。

---

① %RH 表示相对湿度，是用零点温度来定义的。

图 7.16　水帘降温系统

图 7.17　扩种小棚及降温水帘

（二）扩种方法

各基地单元根据服务的面积确定扩繁规模。扩种方法有成株法和漂浮苗法。

成株法。3 月 5 日前在每个扩种温室内实施盆栽或地栽烟 380 株，待烟株长至团棵至旺长期时（4 月 25 日左右）每株接蚜 50～100 只，当平均每株烟蚜量达到 2000～2500 只时，烟蚜可向繁蚜棚转移，并开始接烟蚜茧蜂或菜蚜茧蜂，按蜂蚜比 1∶50 进行接蜂；5 月 25 日～30 日蚜茧蜂可向繁蜂棚转移。

漂浮苗法。4 月 25 日前在每个扩种温室内放置移栽剩余漂浮苗 380 盘，每株接蚜 8～10 只，当平均每株烟蚜量达到 150～200 只时（5 月 10

日～15 日），烟蚜可向繁蚜棚转移，并开始接烟蚜茧蜂或菜蚜茧蜂，按蜂蚜比 1：50 进行接蜂。5 月 25 日～30 日蚜茧蜂可向繁蜂棚转移。

三、扩繁

（一）扩繁设施

扩繁设施可采取两种方式：四连体大棚扩繁法（图 7.18）和田间小棚扩繁法。

图 7.18　烟蚜茧蜂扩繁棚

四连体大棚建设标准。面积为 36m×8m/跨×4 跨=1152m²。性能指标。风载 0.25kN/m²、雪载 0.3kN/m²、吊挂载荷 0.3kN/m²、最大排雨量 140mm/h、电力参数 220/380V、50Hz。大棚采用轻钢结构承重，主骨架采用双面热镀锌冷轧板管材。具备防滴雾系统、排水系统、外遮阳系统、内保温遮阳系统、风机水帘通风降温系统，确保温度控制在 17～28℃。若采取成株扩繁法，则在棚内建设净空 3m×3m×1.8m 的扩繁蜂棚 80 个，扩繁蜂棚采用 60 目的纱网密封，在每个扩繁蜂棚内盆栽或地栽烟 30 株，按每株管 1 亩烟地计算，每个大棚可管 2400 亩，则一个基地单元需建 6～8 栋大棚；若采取漂浮苗扩繁法，则在棚内建设净空 34m×2.2m 漂浮育苗池 8 个，每池采用 60 目的纱网密封，每个池子可放置 0.53m×0.36m 的漂浮盘 376 个，按每盘管 5～6 亩烟地计算，则一个基地单元只需建 1 栋大棚。

田间小棚建设标准。在烟田建设 3m×3m×1.8m 的钢架 60 目纱网繁蜂小棚，小棚顶部为 36 目纱网或设置自动可控长方体 36 目网罩（70cm×50cm×60cm）。若采取成株扩繁法，则在棚内盆栽或地栽烟 30 株，每个小棚可管 30 亩，每个基地单元需建小棚 500～600 个；若采取漂浮苗扩繁法，则在每个棚内建设 2 个漂浮育苗池，每池能放漂浮盘 14 个，每个小棚可管 100～120 亩，每个基地单元需建小棚 150～180 个。

（二）扩繁方法

因各地所选扩繁设施和扩繁烟株的不同，主要有以下扩繁方法。

（1）大棚（或田间小棚）成株扩繁法。在上述四连体大棚的扩繁蜂棚（或田间小棚）中，每年 4 月 1 日～5 日盆栽或地栽烟 30 株，5 月 10 日～15 日待烟株长到团棵至旺长初期时开始接蚜，每株接蚜 50～100 只，5 月 25 日～30 日当平均每株烟蚜量达到 2000～2500 只时开始接烟蚜茧蜂或菜蚜茧蜂，按蜂蚜比 1：50 进行接蜂。

（2）大棚（或田间小棚）漂浮苗扩繁法。在上述四连体大棚的育苗池（或田间小棚育苗池）中，每年 3 月 20 日～25 日播种，5 月 10 日～15 日烟苗达到 5 叶一心时开始接蚜，每株接蚜 10 只左右，5 月 25 日～30 日当平均每株烟蚜量达到 200～300 只时开始接烟蚜茧蜂或菜蚜茧蜂，按蜂蚜比 1：50 进行接蜂。

四、田间释放

（一）释放时间的确定

根据贵州省烟区烟蚜的发生特点，中东部烟区为双峰型，第一个峰值在 5 月中旬至 5 月下旬，以有翅蚜为主，危害程度较低，平均蚜量一般在防治指标（30 只/株）以下，可不采取任何防治措施。第二个峰值在 6 月中旬至 6 月下旬，以无翅蚜为主，危害程度大，平均蚜量一般在防治指标以上，需采取防治措施；西部烟区多为单峰型，峰值在 6 月中旬至 7 月上旬，危害程度大，平均蚜量一般在防治指标以上，需采取防治措施。因此，结合贵州省烟蚜的发生特点，各地放蜂时间一般可掌握在 6 月上旬、中旬和下旬各 1 次，烟株打顶后停止放蜂。

（二）释放量计算方法

假设以每亩烟地栽烟 1100 株、蚜茧蜂田间自然寄生率 30%、蜂蚜比 1：50，并以贵州各地烟蚜实际发生情况（平均蚜量一般在 30～80 只/株）进行计算，每亩需投放蚜茧蜂成蜂 2200～5867 只。为此，推荐全省平均每亩投放蚜茧蜂 2200～6000 只，可分 3 次放蜂，每次每亩放蜂 750～2000 只。其计算公式为

需投放蚜茧蜂成虫量（只/亩）=（亩栽烟株数×平均单株蚜量）÷[50（蚜/蜂）×30%（蚜茧蜂自然寄生率）]

（三）蚜茧蜂释放方式

田间烟蚜茧蜂释放可采取人工释放和自然释放两种方式，人工释放又分成蜂释放和僵蚜释放两种方法。一般来说，大棚繁蜂方式必须进行人工释放，而田间小棚繁蜂方式则以自然释放为主。

（1）人工成蜂释放法。根据上述最佳放蜂时间，将繁蜂大棚内的蚜茧蜂成蜂，采用人工吸蜂法或吸蜂器法收集于放蜂袋中，收集后立即运往烟田进行释放，每亩烟田每次释放成蜂 750～2000 只。根据烟田蚜量发生情况，一般可放蜂 2 次或 3 次。

（2）人工僵蚜苗释放法。主要采用僵蚜苗释放法，适用于大棚漂浮苗扩繁方式，田间小棚漂浮苗扩繁方式也可采用此法。根据上述最佳放蜂时间，当烟苗上平均僵蚜比例达到 45%～50% 且 95% 以上的烟蚜已被寄生时，将僵蚜苗去掉成蜂后打包配送到烟田进行释放。将带僵蚜的烟苗放于烟沟中，与大田烟株相距 40cm 以上（不能接触大田烟株），防止少量未被寄生

的烟蚜向大田烟株转移。每亩烟田均匀放僵蚜苗 5～8 株，确保每亩烟田每次放蜂 750～2000 只。根据烟田蚜量发生情况，一般可放 2 次或 3 次。

（3）成蜂自然释放法。适用于田间小棚成株（或漂浮苗）繁蜂方式。当蚜茧蜂开始羽化后，会自动从棚顶 36 目纱网或网罩口飞出寻找寄主。也可人为打开 36 目网罩口，让蚜茧蜂更能顺利飞出，但需加强管理，根据情况按时开关，防止有翅蚜飞出（图 7.19，图 7.20）。

综上所述，不同繁放方式的成本、可操作性等有一定差异，各有其优缺点。一般来说，漂浮苗繁蜂法优于成株繁蜂法，具有节约成本、缩短时间，操作简便等优点；蚜茧蜂释放方式以自然释放较好，简化操作流程，省工降本，利于大面积推广。各地可根据实际情况灵活选用蚜茧蜂繁殖与释放方式。

图 7.19　烟芽茧蜂田间漂浮育苗扩繁与释放小棚

图 7.20　烟芽茧蜂田间成株扩繁释放小棚

第五节 植保器械的使用、维修与保养

一、植保器械的种类选择

适合现代烟草农业使用的植保机械（施药机械）种类较多，各基地单元需根据土地集中连片规模和交通情况，从提高作业效率和减工降本等方面考虑，选择用大中型机动喷雾器对交通条件好、集中连片的烟地实施喷雾防治；适量配置少量背负式电动静电喷雾器对病虫害聚集发生且发生面不广的区域进行防治。平原烟区可考虑使用遥控飞机进行农药喷洒。

图 7.21   用于农药喷洒的遥控飞机

二、植保器械的使用与保养

新喷雾器在安装好后，要先检查各部件是否安装牢固，再用清水检测连接是否密封不漏水，然后才能正式使用。正式使用时，先将原药用少量清水稀释后倒入喷雾器桶内，再用清水冲入桶内混合均匀。初次装药液时，由于气室及喷杆内仍有少量清水，在最初喷雾的 1～2 分钟内喷出的药液浓度较低，应适当增量补喷保证防治效果。

（一）电动静电喷雾器使用与维护

（1）使用机器前，必须仔细阅读使用说明书，并做好安全防护措施。

（2）根据装箱单仔细检查配件是否齐全。

（3）装配。①安装喷头。把单喷头或双喷头拧在喷杆上，确保不漏水。②把喷杆与手柄连接牢固。③调节喷杆的长度及角度并拧紧喷杆锁紧螺帽（喷头方向调至与手柄上强化感应电极板的同方向，这样操作时比较方便）。

（4）药液的配比操作步骤。

a. 先加入少量的清水（为了防止农药加入时直接进入水泵而导致药害）。

b. 加入农药（可湿性粉剂不宜使用，如需使用，一定要经过 2 次稀释后才能加入，否则容易堵塞喷嘴，而且使用后必须及时清洗）。电动静电喷雾器的用药量比平时用普通喷洒方法的亩常用药量要减少 50%。在施药过程中，可根据作业行走的条件，选用

图 7.22　卫士 WS-16PA 手动喷雾器

不同的喷头提高作业效率。一般来说，用一个单喷头喷完一桶水需花时间 90 分钟，用双喷头需 60 分钟，用三喷头仅需 40 分钟。

c. 加满清水（16L）后，擦干桶体外表的沾水，拧紧桶盖，即可实施喷洒。

（5）施药操作步骤。

a. 打开电源开关或静电功能开关（桶底开关），此时指示灯亮起，电压表显示在正常范围。

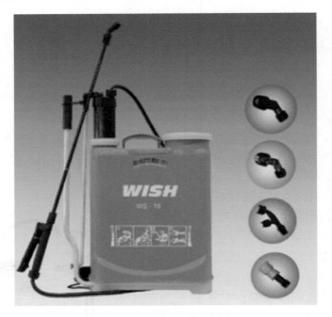

图 7.23　JWB-16A 电动静电喷雾器

b. 先将储液桶背上，手持喷杆手柄，握住强化感应电极（手柄不锈钢片），再开启手柄操作开关，将喷头朝向作物（离农作物 30～50cm 左右）进行喷洒操作。

c. 喷洒完毕后先按下手柄开关后再切断电源静电开关。

d. 注意事项：①在操作时禁止与旁人进行肢体接触。②机器使用完毕后，应及时用清水对储液桶内部及喷射系统进行清洗并擦拭干净后，放置在合适的地方妥善保管。如长期不用时，应每 2～3 个月对蓄电池进行 1 次维护性充电。

（二）常见故障及排除

1. 电池充不进电

（1）原因分析：充电插座接触不良；电线焊接脱落或虚焊；充电器损坏；蓄电池过放使电压过低。

（2）查验方法：手感、目测和用万用表测量电阻、电压。

（3）排除方法：重新焊接电线，更换充电器，激活或更换蓄电池。

2. 水泵不转

（1）原因分析：电线焊接脱落或虚焊；电量过低；泵内有杂物。

（2）查验方法：手感、目测和用万用表测量电压。

（3）排除方法：重新焊接电线，清除泵内杂质，激活或更换蓄电池，充电。

3. 水泵时转时停

（1）原因分析：电线虚焊；开关触点导电不良；泵内有杂质。

（2）查验方法：手感、目测和用万用表测量电阻值。

（3）排除方法：重新焊接导线，更换开关，清除泵内杂质。

4. 水泵启动后不出水

（1）原因分析：水泵长期不工作内部缺水或内部进入垃圾导致隔膜不工作。

（2）查验方法：听隔膜运作声音是否正常。

（3）排除方法：在水泵运转时用抽吸气方法使隔膜恢复工作或拆卸水泵清除泵内杂物。

5. 静电吸附效果差或无吸附

（1）原因分析：喷嘴雾化不良，发生器输入端电线脱落或虚焊；高压输出端导线焊接缩封处漏电；手柄内漏水受潮；高压发生器损坏；操作者鞋底太绝缘；喷嘴内有杂物。

（2）查验方法：手感、目测和用数显测电笔测量。

（3）排除方法：清洗喷嘴使雾化正常，重新焊接导线并严密焊接缩封，消除漏水因素，操作者更换工作鞋，更换发生器。

6. 打开总开关和手柄开关时指示灯不亮，机器不运作

（1）原因分析：工作电流过大导致锂电池自动保护板断路；充电插座保险丝松动或内部断线；开关失灵；电池无电或损坏。

（2）查验方法：手感、目测和用万用表测量。

（3）排除方法：装紧保险丝，焊接电线，更换开关、充电或更换电池。

7. 手柄开关失灵

（1）原因分析：导线虚焊或脱落，开关内部进水，磁推动开关滑块盖

磁力弱，继电器引线虚焊。

（2）查验方法：手感、目测和用万用表测量电阻值。

（3）排除方法：重新焊接导线，更换开关或更换磁性滑盖。

8. 手柄抖动厉害

（1）原因分析：水泵工作异常，压力不均匀。

（2）查验方法：手感、听测。

（3）排除方法：清除泵内杂物或更换水泵。

9. 雾化效果差

（1）原因分析：铜喷嘴调节未到位，喷嘴内有小颗粒垃圾或旋转芯未装。

（2）查验方法：手感、目测。

（3）排除方法：调节喷嘴，清洗喷嘴，装入旋转芯。

10. 背部麻电

（1）原因分析：桶体部分塑料密度不够，导致绝缘性能下降，背垫固定金属螺钉打偏或打穿，桶口有水溢出使桶体和人背受潮。

（2）查验方法：手感、目测。

（3）排除方法：修正背垫固定螺丝，用 102 胶水填补漏洞，擦干桶口或桶体溢水。

11. 底部麻电

（1）原因分析：底部进水受潮，高压输出线接头缩封处漏电。

（2）查验方法：手感、目测和用数显电笔测量。

（3）排除方法：干燥桶底，重新缩封高压输出接头。

12. 手柄处渗水

（1）原因分析：喷杆与手柄连接处未拧紧。

（2）查验方法：手感、目测。

（3）排除方法：拧紧喷杆接头。

13. 喷头处渗水

（1）原因分析：喷杆头部未装 O 型圈或接头处未拧紧。

（2）查验方法：手感、目测。

（3）排除方法：加装 O 型圈，拧紧接头。

14. 喷头不出雾或喷量小

（1）原因分析：喷嘴内部堵塞或电量不足。

（2）查验方法：手感、目测、观察电压表。

（3）排除方法：清除堵塞物，充电。

15．手柄处有麻电感

（1）原因分析：手柄内部渗水受潮，喷杆与手柄连接不紧密。

（2）查验方法：手感、目测和用数显电笔测量。

（3）排除方法：装紧喷杆，干燥手柄内部，重新缩封。

16．机器连续运转时间短

（1）原因分析：蓄电池过放电或未及时充电而受损，水泵功率过大，充电不足或充电器有故障。

（2）查验方法：手感、目测和用万用表测量电压。

（3）排除方法：激活或更换蓄电池，充电，更换充电器或水泵。

17．机器突然停止工作

（1）原因分析：锂电池低电量自我保护，蓄电池电量过低，内部导线脱落。

（2）查验方法：手感、目测、观察电压表、用万用表测量。

（3）排除方法：及时充电，重新焊接导线。

18．桶体膨胀破裂

（1）原因分析：桶盖通气孔堵塞，药液在桶内产生的气体无法及时排出，或通气不畅使桶内产生真空。

（2）查验方法：手感、目测。

（3）排除方法：修正桶盖防溢水橡胶塞，使通气孔畅通。

19．指示灯不亮，报警器不工作

（1）原因分析：导线虚焊或脱落，正负极输入线接反，器件损坏。

（2）查验方法：手感、目测。

（3）排除方法：重新焊接输入电线，更换器件。

（三）机动喷雾器使用与维护

机动喷雾器是一种轻便、灵活、高效的植物保护机械，适用于大面积防治病虫害。

以 18 型弥雾机为例，该机型为背负移动式，结构简单，使用方便，工效高，雾滴细而均匀，一机多用，能喷雾、喷粉和喷烟，还能进行超低量喷雾，适宜山区植保专业队使用（图 7.24）。

图 7.24　18 型弥雾机

1. 结构及其作用

（1）背负架：由支架、背垫和背带等组成。

（2）汽油机：油雾润滑的小型二行程汽油机，带动风机旋转。

（3）离心风机：由风机壳和叶轮组成，产生高速气流，同时对药液箱液面施加压力，从而保证输出药液稳定均匀。

（4）药液箱：由箱体和进气管组成。用于储存药液，采用气压输液。

（5）喷射部件：喷雾部件由风管、喷嘴、输液管、开关和喷头等组成。超低量喷雾部件由风管、喷口、分流锥、输液管、调量开关、喷头轴和叶轮齿盘组件等组成。

2. 工作原理

（1）喷雾作业。工作时，由离心风机产生的高速气流，经风机出口进入风管，同时引出少量气流，经进风管进入药液箱顶部，对药箱内的药液施加一定压力。药液在风压的作用下，经开关流向喷头。喷出的药液细流在喷嘴高速气流的冲击下，粉碎成细雾并吹送到作物上。

（2）超低量喷雾作业。高容量：>30L/亩；低容量：0.3～30L/亩；超低容量：<0.3L/亩。由离心风机产生高速气流经风管流向喷口。在喷口分流锥的导向作用下，气流驱动叶轮齿盘组件高速旋转。同时，药液由药液箱经输液管、调量开关流入喷头轴，从喷头轴的一小孔（直径 1.5mm）流出，进入前、后齿盘之间的缝隙之中。在离心力的作用下，药液迅速沿着前、后齿盘的表面向外扩展，形成一层液膜。液膜越向外越薄，最后被齿盘外缘的尖齿分割成非常细小的雾滴，随气流吹送到作物上（图 7.25）。

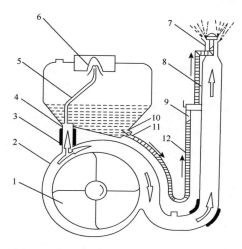

图 7.25　弥雾机结构与原理

1. 风机叶轮　2. 风机外壳　3. 进风门　4. 进气塞　5. 软管　6. 滤网　7. 喷嘴　8. 喷管　9. 开关　10. 粉门
11. 出水塞接头　12. 输液管

3. 正确使用

（1）按说明图正确安装机动喷雾器零部件，安装完后，先用清水试喷，检查是否有滴漏和跑气现象。

（2）在使用时，要先加 1/3 的水，再倒药剂，再加水达到药液浓度要求，但注意药液的液面不能超过安全水位线。

（3）初次装药液时，由于喷杆内含有清水，在试喷雾 2～3 分钟后，正式开始使用。

（4）工作完毕，应及时倒出桶内残留的药液，然后用清水清洗干净。

（5）若短期内不使用机动喷雾器，应将燃油及润滑油倒净，并及时清洗油路，同时将机具外部擦干装好，置于阴凉干燥处存放。若长期不用，应先润滑活动部件，防止生锈，并及时封存。

（6）按说明书要求使用机油型号及混合此例。

（7）加油时必须停机，注意防火。

（8）启动后和停机前必须空载低速运转 3～5 分钟，严禁空载大油门高速运转和急剧停机。

（9）新机磨合要达 24 小时以后方可负荷工作。

4. 常规故障及其维修

（1）不能启动或启动困难的原因及维修。

a. 如果油箱内没有燃油，加注燃油即可。

b. 如果油路不畅通，应清理油道。

c. 如果燃油太脏，油中有水等，需更换燃油。

d. 如果发生气缸内进油过多现象，拆下火花塞空转数圈并将火花塞擦干即可。

e. 火花塞不跳火，积炭过多或绝缘体被击穿，应清除积炭或更新绝缘体。

f. 火花塞、白金间隙调整不当，应重新调整。

g. 电容器击穿，高压导线破损或脱解，高压线圈击穿等，须修复更新。

h. 白金上有油污或烧坏，清除油污或打磨烧坏部位即可。

i. 火花塞未拧紧，曲轴箱体漏气，缸垫烧坏等，应紧固有关部件或更新缸垫。

j. 曲轴箱两端自紧油封磨损严重，应更换。主风阀未打开，打开即可。

（2）运转中功率不足的原因与维修。

a. 加速即熄火或转速下降，一般是由于主量孔堵塞，供油不足造成的，需疏通主量孔、清洗油路。

b. 加不起油，排烟很淡，汽化器倒喷严重，一般是由于消音器积炭或混合汽过稀造成的，需清除消音器积炭或调整油针。

c. 高压线脱落，重新接好高压线并固定。

（3）运转不平稳的原因与维修

a. 爆燃有敲击声，是由于发动机发热造成的，需停机冷却发动机，避免长期高速运转。

b. 发动机断火，是由于浮子室有水和沉积机油造成的，需清洗浮子室；燃油中混有水也可造成发动机断火，更换燃油。

（4）运转中突然熄火的原因与维修

a. 燃油用尽，需加油后再启动使用。

b. 火花塞积炭短路不能跳火使发动机熄火，需旋下火花塞清除积炭，重新启动。

5. 机动喷雾器作业方法

（1）喷雾作业方法。

a. 首先组装有关部件、使整机处于喷雾作业状态。

b. 加药液前，用清水试喷一次，检查各处有无渗漏；加液不要过急过满，以免从过滤网出气口处溢进风机壳内；所加药液必须干净，以免喷嘴堵塞。加药液后药箱盖一定要盖紧，加药液可以不停车，但发动机要处于低速运转状态。

c. 机器背上背后，调整手油门开关使发动机稳定在额定转速（有经验者可以听发动机工作声音，发出呜呜的声音时，一般此时转速就基本达到额定转速了）。然后开启手把药液开关，使转芯手把朝着喷头方向，以预定的速度和路线进行作业，喷药液时应注意几个问题。①开关开启后，随即用手摆动喷管，严禁停留在一处喷洒，以防引起药害。②喷洒过程中，左右摆动喷管，以增加喷幅，前进速度与摆动速度应适当配合，以防漏喷影响作业质量。③控制单位面积喷量。除用行进速度调节外，移动药液开关转芯角度，改变通道截面积也可以调节喷量大小。④由于喷雾雾粒极细，不易观察喷洒情况，一般情况下，只要叶片被喷管风速吹动，证明雾点就达到了。

（2）喷粉作业方法。

a. 按照使用说明书的规定调整机具，使药箱装置处于喷粉状态。

b. 粉剂应干燥、不得有杂草、杂物和结块。不停车加药时，汽油机应处于低速运转，关闭挡风板及粉门操纵手把，加药粉后，旋紧药箱盖，并把风门打开。

c. 背机后将手油门调整到适宜位置，稳定运转片刻，然后调整粉门开关手柄进行喷施。

d. 注意利用地形和风向，早间利用作物表面露水进行喷粉较好。

e. 使用长喷管进行喷粉时，先将薄膜从摇把组装上放出，再加油门，能将长薄膜塑料管吹起来即可，不要转速过高，然后调整粉门喷施，为防止喷管末端存粉，前进中应随时抖动喷管。

（3）停止运转。先将粉门开关闭合，再减小油门，使汽油机低速运转3～5分钟后关闭油门，汽油机即可停止运转，然后放下机器并关闭燃油阀。

6. 机动喷雾器的保养

（1）日常保养。每天工作完毕后应按下述内容进行保养。

a. 药箱内不得残存剩余粉剂或药液。

b. 清理机器表面油污和灰尘。

c. 用清水洗刷药箱，尤其是橡胶件。汽油机切勿用水冲刷。

d. 检查各连接处是否有漏水、滑油现象，并及时排除。

e. 检查各部螺丝是否有松动、丢失，工具是否完整，如有松动、丢失，必须及时旋紧和补齐。

f. 喷施粉剂时，要每天清洗汽化器、空气滤清器。

g. 保养后的机器应放在干燥通风处，切勿靠近火源，并避免日晒。

h. 长薄膜塑料管内不得存粉，拆卸之前空机运转 1～2 分钟，借助喷管的风力将长管内残粉吹尽。

（2）长期保养。机动喷雾器使用后应随时保养，农闲长期存放时，除做好一般保养工作外，还要做好下列 6 点。

a. 清洗干净药箱内残留的药液、药粉，否则会对药箱、进气塞和挡风板部件产生腐蚀，缩短其寿命。

b. 汽化器沉淀杯中不能残留汽油，以免油针、卡簧等部件遭到腐蚀。

c. 务必放尽油箱内的汽油，以避免不慎起火，并同时防止汽油挥发污染空气。

d. 用木片刮火花塞、气缸盖、活塞等部件的积炭。刮除后用润滑剂涂抹，以免锈蚀，同时检查有关部位，应修理的一同修理。

e. 清除机体外部尘土及油污，脱漆部位要涂黄油防锈或重新油漆。

f. 存放地点要干燥通风，远离火源，以免橡胶件、塑料件过热变质。同时，储存温度也不得低于 0℃，避免橡胶件和塑料件因温度过低而变硬、加速老化。

（四）植保标志

植保标志有安全警告、穿防护服、注意防火、工作完毕注意清洗等标志（图 7.26）。

(a) 穿防护服
(b) 戴防护眼镜
(c) 戴护耳具
剧毒品
(d) 戴防护手套
(e) 剧毒品
(f) 安全警告
(g) 注意防火
(h) 工作完毕 注意清洗
(i) 禁止触摸

图 7.26　植保标志

第八章　专业化采烤服务

第一节　采收烘烤专业队的组建与管理

常言道："烤好是炕宝、烤坏一堆草"，充分说明烘烤环节在烟叶工作中的重要性。只有组建一支合格的采收烘烤一体化专业队伍，实行规范化的采收烘烤，才能保障烟叶工作预期产量、质量和结构等目标实现。

（1）入队条件。应选择初中以上文化程度，有 3 年以上采收、烘烤工作经验，身体健康的人员，优先在合作社社员中产生。

（2）技能培训。每个采收、烘烤专业队员应接受县级烟草部门的专职培训，熟练掌握采收或烘烤技能，并取得培训合格证后才能持证上岗。

（3）规章制度。采收、烘烤专业服务队要与每个队员签订服务协议，明确工作职责、服务内容、薪酬标准、监督管理措施和考核奖惩办法。

（4）人员配置。为便于服务和管理，每个采收、烘烤专业队设队长 1 名、采收副队长 1 名，队员若干。

（5）配套设施。应根据交通情况和服务面积，合理配备烤房数量和回潮设施。

（6）福利保障。每年至少应对职工进行一次健康体检。编印安全知识手册，对员工进行有关如何避免危害和保护自身安全等方面的教育，包括烘烤工场内带电设备的使用方法等。

（7）采收、烘烤管理。合作社应与烟农签订采收、烘烤协议→将采收、烘烤任务下达专业队→未获上岗证的采收、烘烤专业队员送县级烟草部门组织技能培训→按烟农种植面积分配烤房和确定采收、烘烤人员→按年度《基地单元采收、烘烤工作方案》要求进行采收、烘烤→快速回潮→烟农验收烘烤成果→按协议结账。

第二节　成　熟　采　收

成熟采收包括鲜烟叶成熟采收、鲜烟叶运输、编烟上炕、科学烘烤和下炕回潮 5 个环节。

　　为确保鲜烟叶经恰当调制后，烟叶的化学成分相对最为协调，香气质和香气量达到最佳状态，应使采收的烟叶达到最佳成熟状态，避免在未成熟前就进行采收或过熟采收；为防止将非烟物质混入烟叶，在采收、堆放、捆扎、运输过程中，要严格按下列规范要求执行（图8.1）。

图 8.1　田间成熟一致的烟叶

（一）采收时间

　　一般烟株打顶后 7～10 天进入成熟采收期。为便于区分田间烟叶的成熟特征和防止烟叶快速失水萎蔫，烟叶采收一般在晴天上午、阴天全天或雨后进行。为保证采收鲜烟叶质量和防止烟农中暑，应避免在烈日下进行采收。

（二）采收标准

　　为保障烟叶的成熟度，采收时应根据不同部位烟叶的成熟外观特征，按照"成熟一片、采摘一片"的原则，自下而上依次进行采收。

（1）下部烟叶的成熟特征。叶片由绿稍变为黄绿色（以绿为主，稍微发黄），主脉发亮、支脉 1/3～1/2 发白，茸毛部分脱落，叶尖下垂，叶片自然向下弯曲，采收时声音清脆、断面整齐。由于下部烟叶的钾等物质会向中上部烟叶转移，为提高下部烟叶的烘烤质量，对其成熟标准的掌握可适当放宽，实行适熟早采（图 8.2）。

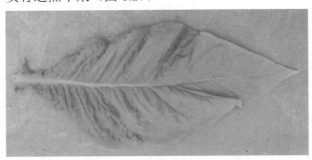

图 8.2　下部烟叶成熟特征

（2）中部烟叶的成熟特征。叶片为黄绿色，叶面 2/3 以上落黄，叶尖、叶缘落黄明显，叶面绒毛脱落、富有光泽。主脉全白、支脉 1/2～2/3 发白，茎叶角度加大叶片自然下垂成拱形，采收时声音清脆、断面整齐。由于中部烟叶的可用性最高，对其成熟标准应当严格掌握，实行成熟稳收（图 8.3）。

图 8.3　中部烟叶成熟特征

（3）上部烟叶的成熟特征。叶片充分落黄，叶面发皱，有明显的黄色成熟斑，有枯尖、焦边现象，叶面绒毛脱落、富有光泽。主脉全白、支脉 2/3 以上发白变亮，茎叶角度加大，采收时声音清脆、断面整齐。由于上部烟叶组织结构较为紧密，为改善其烘烤质量，应在顶部倒数第 2 片烟叶表现成熟特征后，对顶部 4～6 片叶集中进行一次采收，实行充分成熟采收（图 8.4）。

图 8.4　上部烟叶成熟特征

（三）采收操作流程

（1）为确保采收质量，由片区技术人员根据田间烟叶长势和成熟特征，向烟农发出准采证，提出每株采收叶片数量。

（2）为防止烟叶在运输过程中受到污染，运输车辆应清洁、干净、整洁，没有其他非烟物质存在。

（3）为提高采收效率和减少烟叶在采收过程中的损伤，采收人员在采收前备好布带、布片等捆扎包裹物品准时到达烟田，按两人一组分工协作。其中 1 人按行逐株依次采收达到成熟标准的烟叶，在采收叶片达到 20 片左右时，就近将其放在烟株旁边的垄面上，由另一人带上捆扎物品，将分散堆放的每堆烟叶收拢，约 100 片用麻片包裹好或用麻绳将其从中间捆扎后带出烟地。

（4）为防止捆扎烟叶时产生青痕，所用布带不宜过窄，用力不能过度，应适度轻松捆扎，不让烟叶滑落即可。

（5）为确保鲜烟叶质量不受损伤，在捆扎、搬运、上下车等操作过程中应轻拿轻放，在运输过程中应中速行驶，避免剧烈颠簸，防止受到挤压、摩擦等机械损伤。

（6）为防止采收的鲜烟叶长时间受阳光照射脱水萎蔫影响烘烤质量，采满一车后，应立即运回烤房群或烘烤工场。

（四）员工健康保护

（1）为防止烟农在采收烟叶的过程中出现烟草萎黄病（即 GTS，是一种因处理新鲜、潮湿的烟叶而导致的尼古丁中毒）而影响采收工人的健康安全，应配套手套、袖套等防护服装，并且规定从事与接触鲜烟叶有关的采收、编（堆）烟和上炕间不能超过 8 小时。烟草萎黄病的症状包括恶心、呕吐、四肢无力、眩晕、腹部疼挛、呼吸困难、面色苍白、大汗、头疼以及血压和心率波动等。对于敏感人群，这些症状有可能仅在开始工作后一小时之内就会出现，并能够持续 12～48 小时（图 8.5）。

图 8.5　烟叶采收过程中对烟草萎黄病的防护

（2）为防止烟农在采收烟叶的过程中受到蛇、蜘蛛等其他动物的伤害，应指导烟农穿封闭的高帮鞋和长筒裤进行作业，采收的烟叶要及时运出田间，不要长时间堆放在田间地头（图 8.6）。

图 8.6　员工健康保护

第三节　装　烟　上　炕

一、堆烟、编烟场所

为防止烟叶淋雨和暴晒，烟叶堆放和编烟场所应搭建凉棚；为防止烟叶粘灰带土，应将堆烟和编烟凉棚清扫干净，编好的烟叶存放在专用存烟架上

二、烟叶分类

把运送到烘烤工场（烤房群）的鲜烟叶卸下后，按叶柄向下、叶尖向上有序堆放。堆放时把部位、大小和成熟度有差异的叶片及病残叶分开堆放。将过熟叶、青杂叶、严重病残叶及烘烤后可能产生下低等烟叶的不适用鲜烟叶去除，统一集中处理在不适用鲜烟叶处理池。

三、编烟

为便于准确掌握烘烤技术，提高烟叶烘烤质量，编烟时，应将同一部位、同一大小、同一成熟度（颜色）、烟叶素质基本一致的烟叶编在一起。目前有人工编烟和编烟机编烟两种方式（图8.7）。

（1）人工编烟。通常采用活套编烟法，即使用 1.5m 长的烟竿，在距烟竿一头 5～10cm 处绑上 2.5～3m 的麻绳，编烟人坐在小矮凳上，将绑上绳子一头的烟竿放在高 50cm 的凳子上，一只手扶着烟竿，另一只手拾起同等

图 8.7　规范、整洁的编烟场所

质量的 2 片或 3 片叶基部，并将它们背靠背斜靠在烟竿上，将麻绳绕烟叶基部旋转一周，自然捆住收紧放下。这样左边一束、右边一束，直到编至距烟竿 5～10cm 处为止。这样每竿烟需编 60～70 扣，每扣烟 2 片或 3 片，每竿鲜烟重量 7.5～10kg。

（2）编烟机编烟。将烟叶按人工编烟的密度平铺在操作台面上，然后用机器进行编烟连接（图 8.8）。

（3）上部 4～6 片叶一次性砍烤编烟技术。把第一片烟叶与茎秆分开，横跨在烟竿上，用死扣编烟，1.5m 长的烟竿，每竿编 30～32 棵。

为防治杂物混入，禁止使用塑料薄膜、塑料编织袋、尼龙等材料作为编烟绳。

图 8.8　编烟机编烟作业

四、上炕

目前通常采用的装（编）烟上炕方式有挂竿装烟、烟夹装烟和散叶装烟（包括散叶烟筐装烟、大箱散堆装烟、大箱捆堆装烟）等。要求同等质量、同一成熟度的烟叶装在同一层。气流上升式烤房，变黄快的烟叶装在底层，质量好的烟叶装在中层，成熟度较差的装在上层。气流下降式烤房，则相反。

（一）挂竿烘烤方式的装烟上炕

烟叶编好后，2 人递烟竿，1 人站在第一层，先装上层，再装中下层。装烟竿距为 10～12cm，标准烤房每炕装烟 400～450 竿，装鲜烟量 3500～4000kg，装烟密度 60～65kg/m^2。为防止烤房后门漏气影响烘烤效果，上炕装烟完成后，要将烤房门进行密封。

图 8.9　挂竿烘烤的烟叶

（二）散叶打捆烘烤方式的装烟上炕

装烟前，将分类好的烟叶抖散按照每捆 4～5kg 重量用布带打捆，捆烟的松紧度要适度，以不掉烟叶为准，捆烟的位置距叶柄 2/3 处。为提高工作效率，装烟时由 1 人负责排装，2 人负责运输。

（1）将分风板逐层由内到外安装，装好第一排后，开始装烟，先从上层装起，依次下移。

图 8.10　打好捆的烟叶

（2）装烟时，为防止出现空隙形成热风通道，先在靠近加热室的墙面将成捆的烟叶横向堆放一层，再将其他烟叶基部向下、叶尖向上，以85°～90°的角度按同一个方向整齐堆放，全炕保持均匀一致，推紧装密不留空隙。

（3）烟叶装完后，应仔细检查每层靠近房门处的密封情况，用一根木方将后排烟叶拦住，防止开关门时向后倒伏和掉落，确保无空隙（图8.11）。

（三）散叶散堆烘烤方式的装烟上炕

装烟前不需要进行打捆，直接将烟叶散堆烘烤，装烟上炕方法与散叶打捆烘烤方式的装烟上炕方法一致（图8.12）。

图 8.11　用木方防止后排烟叶倒伏、掉落　　　图 8.12　实行散堆烘烤的烟叶

（四）散叶插签烘烤方式的装烟上炕

为提高工作效率，装烟时由1人负责排装，2人负责运输。

（1）将散叶分风隔板平放在烤房内的装烟支架上，固定方杆放入两侧墙的固定槽中，用特制的固定卡将两根固定方杆的中部卡住，从而保证装烟的均匀、整齐（图8.13）。

（2）为确保热气流均匀通过烟层，装烟时，先把成捆的烟叶轻轻抖散，叶片基部对齐，采用叶尖向上，叶基向下的方式均匀堆放（图8.14）。

图 8.13 散叶插签烘烤的装烟上炕

图 8.14 散叶插签烘烤的烟叶

（3）当固定方杆内装满烟叶后，在固定方杆的孔中插入金属插针。每层装满后，应注意大门处的密封，确保不留空隙。

每炕装鲜烟量 5000～6000kg，下部叶 70～75kg/m^2，中部叶和上部叶 75～85kg/m^2。

第四节 烟 叶 烘 烤

一、烘烤前准备

（1）应在烤前一个星期对烤房结构进行一次检查维护，确保房体不漏气、门窗开关正常不漏气，并检测烘烤设施是否运行正常。

（2）为不让烟叶在烘烤过程中吸附异味，应在烘烤前进行一次全面的清扫，并用中火烘烤 2～3 天，排出烤房内的湿气和异味。

二、烘烤操作规范

（一）烟叶质量的田间判断

为充分了解田间鲜烟叶质量，在烘烤前 1～2 天，烘烤技术员应深入田间进行实地察看，了解种植品种、烟株营养状况、田间烟株长势长相，然后提出成熟采收的方案，发放准采证。

（1）凡是正常落黄的烟叶，其烘烤特性较好，以 2 片或 3 片的采收叶片数采收，按常规烟叶的烘烤技术方案进行烘烤。

（2）凡是落黄过快的烟叶，较为容易烘烤但不耐烤，要根据情况适当加快采收速度，较正常情况多采 1 片或 2 片，并适当调整烘烤方案。

（3）凡是延迟落黄的烟叶，较为耐烤但不易烘烤，要根据情况适当放慢采收速度，较正常情况少采 1 片或 2 片，并适当调整烘烤方案。

（二）采收鲜烟叶质量的判断

为充分了解采收鲜烟叶的质量，重点是查看采收成熟度和根据采收天气判断其含水量。

（1）含水量大的烟叶易于变黄，在变黄阶段要充分脱水，采取先拿水后拿色的办法进行烘烤，如果脱水量不足就会影响定色。

（2）含水量少的烟叶，因叶片内水分不足不易变黄，在变黄期需要补充水分促进变黄，采取先拿色后拿水的办法进行烘烤，变黄问题解决后，比较容易定色。

（三）正常烟叶的烘烤

正常烟叶是指在正常气候条件下，田间烟叶营养平衡、生长发育正常、落黄成熟正常的烟叶，烘烤特性较好，烘烤时变黄失水速度适中，烘烤技术难度小，烟叶烘烤质量较好。其烘烤技术要点如下。

1. 变黄期操作技术要点

（1）点火前，关闭烤房门窗及冷风口和排湿口，下部烟叶水分含量高，打开风机内循环 20～30 分钟（散叶烘烤循环 1～2 小时）停机。

（2）变黄前期。点火后，打开风机，将干球温度升至 32～35℃（下部叶、上部叶为 32℃，中部叶为 35℃），稳温烘烤 10～25 小时至叶片发软变黄（散叶烘烤轻微倒伏）。

（3）变黄中期。将干球温度由 35℃升至 36～38℃，湿球温度稳定在 35～36℃（散叶烘烤 34～35℃），稳温烘烤 20～30 小时，至烟叶变黄 8～9 成，充分柔软塌架（散叶烘烤充分倒伏）。

（4）变黄后期。将干球温度由 38℃升至 40～42℃，控制湿球温度 35～36℃（散叶烘烤 34℃），稳温烘烤 10～15 小时，使烟叶黄片青筋、主脉发软（散叶烘烤全黄塌架）。

2. 定色期操作技术要点

（1）定色前期。将干球温度由 42℃升温至 46℃左右，稳定湿球温度在 35～36℃（散叶烘烤为 33～34℃），稳温烘烤至烟叶主脉变黄、勾尖卷边。升温至 48～50℃时，烟叶形成小卷筒（散叶烘烤为主脉变黄、叶尖干燥）。

（2）定色后期。将干球温度由 48～50℃升至 52～54℃，稳定湿球温度 36～37℃（散叶烘烤为 34～35℃），充分延长烘烤时间，使烟叶烘烤至烟叶叶片干燥。

3. 干筋期操作技术要点

（1）干筋前期。将干球温度由 54℃升至 60℃，湿球温度稳定在 37～38℃（散叶烘烤为 36～37℃），烘烤 20 小时左右至烟叶主筋收缩。

（2）干筋后期。将干球温度由 60℃升至 65～68℃，稳定湿球温度 38～39℃，直至烟叶全部干燥（图 8.15）。

（四）多雨季节烟叶的烘烤

多雨季节的烟叶含水量较高，内含物不充分，烘烤时，升温难、排湿难，烘烤操作不当常会造成蒸片、腐烂等烤坏烟叶的现象出现。因此，应采取相应的烘烤操作技术，准确把握变黄阶段的干湿球温度，采取先拿水、后拿色、边变黄边排湿的烘烤方法。其烘烤操作要点如下。

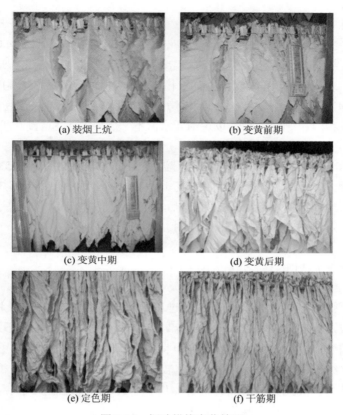

(a) 装烟上炕　　　　　　　　(b) 变黄前期

(c) 变黄中期　　　　　　　　(d) 变黄后期

(e) 定色期　　　　　　　　　(f) 干筋期

图 8.15　烟叶烘烤变化情况

（1）变黄前中期提前排湿

a. 烟叶装入烤房后，关闭烤房门窗，（点火前）打开风机自然循环 3～5 小时；点火后，将干球温度升至 33～34℃，控制湿球温度 32℃，稳温烘烤 10～12 小时；

b. 将干湿球温度分别调到 36℃（干）/35℃（湿）升温，当干球温度在 36℃稳定 2～3 小时后，将湿球温度调减到 32～33℃（挂竿烘烤 33℃，散叶烘烤 32℃）排湿 2～3 小时；（干球温度可能降到 34℃）然后将湿球温度调至 35℃（升温）；当干球温度在 36℃稳定 2～3 小时后，将湿球温度再调减到 32～33℃（挂竿烘烤 33℃，散叶烘烤 32℃）排湿 2～3 小时；反复操作 2～3 次。注意要点：观察烟叶以脱水但不干燥变青为准。

c. 将干湿球温度分别调到 38℃（干）/36℃（湿）升温，当干球温度在 38℃稳定 2～3 小时后，将湿球温度调减到 33～34℃（挂竿烘烤 34℃，散叶烘烤 33℃）排湿 2～3 小时；（干球温度可能降到 35℃）然后将湿球温度调至 35℃（升温）；当干球温度在 38℃稳定 2～3 小时后，将湿球温度再调减到 33～34℃（挂竿烘烤 34℃，散叶烘烤 33℃）排湿 2～3 小时；反复操作 2～3 次。注意要点：观察烟叶，以逐渐脱水但不干燥变青、变黄到八成黄为准。

（2）变黄后期边失水边变黄。

当烟叶变黄到 8 成黄后，控制湿球温度 33～35℃（挂竿烘烤 35℃，散叶烘烤 33℃），将干球温度升至 40℃烘烤 10～12 小时，然后升到 42℃烘烤 10～15 小时，当烟叶充分变黄，失水正常后转入定色阶段按正常烟叶进行烘烤。

（3）定色期及干筋期按正常烟叶烘烤操作。

（五）干旱烟叶的烘烤

干旱烟叶是指烟叶旺长至成熟过程遭遇严重的空气干旱和土壤干旱双重胁迫，不能正常吸收营养和水分导致"未老先衰"，提早表现落黄现象的"假熟"烟叶。这类烟叶营养不良，发育不全，成熟不够，含水量较少，叶片结构密，保水能力强，脱水较困难。烘烤中难以变黄，变黄速度较慢，甚至出现变黄后再回青，容易出现烤青现象。定色过程容易挂灰，也容易出现大小花片。其烘烤要点如下。

（1）高温保湿变黄。变黄阶段起点干球温度宜稍高。点火后以 1 小时1℃的速度将干球温度升到 38℃，湿球温度升到 37℃，使烟叶预热后变黄达 3～4 成黄，然后将干球温度及时按每小时升温 0.5～1℃的速度升到 40～42℃，加速变黄，湿球温度控制在 38～39℃，防止烟叶内含物过度消耗，而使烟叶挂灰或颜色灰暗。为减少烤房水分的丧失，确保烟叶能保湿变黄，在整个变黄阶段，从开始点火 2～3 小时后，循环风机按开 10分钟停 30 分钟的办法操作。

（2）高温转火、加速定色。在烟叶变黄达 8～9 成黄、支脉尖部变黄、充分发软塌架后转火。定色阶段升温速度要慢中求快，先慢后快，以 2～3 小时1℃的速度将干球温度升至 46～48℃，稳定到二棚烟叶基本全黄，仅剩主脉和少部分支脉含青；再以 1～2 小时升温 1℃的速度将干球温度升至 54℃，稳定至全炕烟叶干叶打筒；整个定色阶段应降低湿度，提前排湿，做到"先拿水、后拿色"。一般情况下，干球温度50℃前，湿球温度38℃，干球温度54℃，湿球温度控制在39℃。如果湿度过高可采取打开辅助排湿窗进行排湿。

（3）进入干筋期后按正常烟叶烘烤。

以上3个阶段被总结为散叶烘烤"七步"法，具体流程及操作要求见图8.16及表8.1、表8.2。

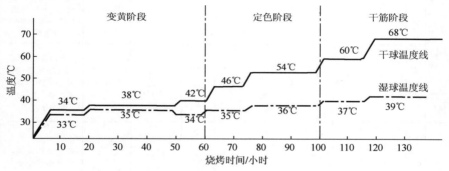

图8.16 散叶烘烤"七步"法基本流程图

表8.1 散叶烘烤操作方法及时间

	变黄阶段	定色阶段	干筋阶段
操作方法	烟叶装好后，点火前打开风机和进风翻板空吹2~5小时，排出烤房空气中的水分。点火后打开风机，5小时左右将干球温度升至34℃。稳温烘烤12小时，烟叶出现轻微倒伏。将干球温度控制为38℃，湿球温度控制为35℃，稳温烘烤20~30小时，烟叶倒伏，变黄至8~9成黄。然后控制湿球温度34℃，将干球温度升至42℃，自动排湿或打开进风口1/3~1/4进行少量排湿，烘烤15小时左右，烟叶塌架全黄后转入定色阶段。	控制湿球温度35℃，将干球温度升到46℃左右稳温烘烤20小时至主脉变黄、叶尖干燥。控制湿球温度36℃，将干球温度升至54℃。之后，保持干球温度54℃、湿球温度36℃稳温烘烤25小时至叶片干燥后转入干筋阶段。	将干球温度由54℃升到60℃，控制湿球温度37℃，烘烤10小时左右至主筋开始收缩。将干球温度升至68℃，控制湿球温度39℃稳温烘烤，直至烟叶主筋完全变褐干燥。
烘烤时间	50~60小时	30~45小时	35~45小时

表8.2 散叶烘烤"七步"法简图

阶段	自控设置	温度设置 干温/℃	温度设置 湿温/℃	升温速度/（℃/小时）	保持时间/小时	烟叶变化程度 变黄程度	烟叶变化程度 干燥程度	烧火要求	注意事项
变黄阶段	第一步	34	33	1	12	叶尖变黄	—	烧小火	点火前开大风机空转2~5小时，点火后风机1档小风，烟叶轻微倒伏
变黄阶段	第二步	38	35	1	20~30	9成黄以上	叶片发软	烧中火	风机1档小风，烟叶中度倒伏，下部烟叶9成黄、中、上部烟叶10成黄
定色阶段	第三步	42	34	1	15	全炕烟叶变黄	叶片勾尖	烧中火、大火但要稳温	风机2档大风，烟叶全黄塌架，提前少量排湿
定色阶段	第四步	46	35	1	20	主脉变黄	叶片1/2干	烧大火，火要升得起、稳得住	风机2档大风，稳定时间，严防掉火降温
定色阶段	第五步	54	36	1	25	—	叶片全干	烧大火、稳得住	风机2档大风，稳升温，不掉温
干筋阶段	第六步	60	37	1	10	—	主脉1/2干	烧大火	风机2档大风，稳升温，不掉温
干筋阶段	第七步	68	39	1	25~30	—	主脉全干	烧大火	风机1档小风，上、下棚温度一致就可以确定干了

注：①观察烟叶气流上升式烤房以底层为准、气流下降式烤房以上层为准；②在38℃变黄期，根据烟叶部位确定，如果烟叶变黄程度不够，就延长时间；如果烟叶提前变黄就减少时间；③在68℃干筋期，根据烟叶部位确定，如果烟叶没有干燥，就延长时间；如果烟叶提前干燥就减少时间

第五节 快速回潮

为加快回潮速度，降低烟叶破损率，提高烤房使用周转率，对密集烤房烘烤烟叶需要采取人工辅助方法对烟叶进行强制快速回潮。

一、蒸汽回潮技术

采用锅炉产生的蒸汽，通过管道引入烤房进行加湿回潮。当烤房内温度降至 50℃以下时，关闭烤房门窗及进风口和排湿口，开启循环风机加湿回潮 1～2 小时，加湿结束后，保持风机运行 15～20 分钟，停机后及时下烟。

二、滴水回潮技术

烟叶干筋后，加热室炉具不熄火，保持装烟室温度在 65℃以上，关闭风机电源。首先打开装烟室门，向装烟室地面泼一定量的清水（150～175kg，用时 5～10 分钟），迅速关闭装烟门；泼水结束后，打开加热室风机检修门，用回潮机或用滴水器接上橡胶管放在加热室风机顶部滴水，关闭加热室风机检修门，开启风机进行气流内部循环，保持装烟室温度在 60℃，直至滴水结束（用水量 125～150kg，用时 2 小时）；滴水结束后，立即熄火，关闭风机电源，待装烟室温度与室外气温接近时即可下炕。

三、水雾回潮技术

采用水泵泵水喷雾加湿器，通过将冷水加压引入烤房进行喷雾加湿回潮。加湿器喷头临时固定在加热室预留的加湿口处。当烤房内温度降低到 55～50℃时，关闭烤房门窗及进风口、开启循环风机进行喷雾加湿，回潮时间 1～2 小时。加湿结束后，保持风机运行 15～20 分钟，停机后及时卸烟（图 8.17）。

图 8.17 水雾回潮设施

四、超声波喷雾回潮技术

采用超声波雾化水移动式加湿器,通过超声波雾化器将水雾化引入烤房进行喷雾加湿回潮。当烤房内温度降低到 55～50℃时,关闭烤房门窗及进风口、开启循环风机进行喷雾加湿,回潮时间 1～2 小时。加湿结束后,保持风机运行 15～20 分钟,停机后及时卸烟。

五、回潮室加湿回潮技术

采用在回潮室蒸汽加湿、保湿回潮方法,将烤后装满烟叶的烟箱、烟筐直接从烤房内运到回潮室,先通过蒸汽加湿回潮 1～2 小时,再进行恒温保湿回潮 1～2 天。

六、烤后烟叶堆放

为防止杂物混入烟叶,下炕时严禁使用尼龙绳、塑料薄膜、塑料编织物等材料捆扎烟叶。烟叶堆放环境应保持清洁无污染、无异味，避光防潮。

第六节　设　备　保　养

为延长设备的使用寿命和保持设备处于最佳运行状态，确保烘烤工作的正常进行，需要定期对烘烤设施进行维护保养，及时发现并排除设备故障和隐患，预防事故的发生。

一、供热设备的维护保养

（1）烘烤前，检查设备的外观是否完好、连接部件是否运行正常、炉门密封条是否可靠、火炉内的耐火砖内衬是否受损，换热器和烟囱连接处是否密封，若有影响设备正常运行的问题，要做好记录并及时维修或更换。

（2）在烘烤时，为保护火炉内的耐火砖内衬不受操作的破坏，在加煤和除煤渣时要用力均衡、平稳，避免火钩、煤铲猛烈撞击炉壁。

（3）每炕烟叶烘烤完后，要及时清理炉膛煤灰，检查各个部位是否完好无损，保障下一炕烟叶的正常烘烤。

（4）每烘烤2炕烟叶后，要用清灰耙对火炉的火箱、炉顶、热交换管、烟囱内壁的积灰进行一次清理，使热交换器保持较高的热传导效率。

（5）烘烤结束后，要对供热设备进行一次彻底清扫、刷漆、打油、包裹，实行分类管护。①对炉膛、换热器等固定加热设施，在清除灰渣后用塑料进行包裹隔绝空气，以免设备氧化。②对裸露室外的烟囱等部件用塑料膜进行包裹作防雨处理。③将可拆卸的鼓风机设备，检修后擦洗干净，涂上防护油，用塑料膜包裹好集中存放，并建立台账管理。

二、通风排湿设备的维护保养

（1）为保证以风机为主的通风排湿设备运行正常，应保障供电设施的容量充足，电压稳定，不缺相。

（2）在烘烤前，对风机进行一次清洁和检修，检修结束后开机试运行5分钟，确认无异常后再投入烘烤使用。

（3）烘烤过程中，注意监听电机、风机的运行声音是否正常，检查轴承是否漏油等异常现象，发现问题立即停电检修。

（4）每炕烘烤结束后，清除风机内外的灰尘和杂物，检修风机轴承，防止轴承内的润滑剂因高温熔化而泄漏，造成轴承损坏。

（5）烘烤结束后，对风机进行一次检修，并储存在干燥的环境中。为避免电机受潮，应每个月定期通电运行30分钟。

三、温湿度控制设备的维护保养

（1）为保证温湿度控制设备的正常运行和准确读取数据，供电电压必须在设备要求的工作范围内，并长期保持稳定。

（2）烘烤使用过程中，应避免日晒雨淋，避免发生碰撞。

（3）为防止设备在闲置期间受潮损坏，应用塑料膜包裹好，保持干燥、清洁，每月定期通电运行30分钟。

四、回潮设施的维护保养

（1）烘烤前，检查喷水管道的畅通情况，用清水冲洗一次，防止管道堵塞，确保烤房内喷水均匀一致。

（2）烘烤结束后，放干水箱和管道内的余水，对喷水孔用布片进行包裹，防止灰尘堵塞。

五、门窗设施的维护保养

（1）烘烤前，检查各个门窗是否密封，防止漏气传热。

（2）烘烤结束后，对门扣、插销等经常使用的部件，用废机油涂抹进行维护。

第九章 专业化分级服务

第一节 分级队伍的组建与管理

分级工作事关烟叶质量的体现和纯度的保障，涉及烟农利益和工商双方交接是否顺利的问题。因此，必须组建操作熟练、技术过硬的分级专业队，并进行规范管理，保障分级工作的正常开展。

一、分级队伍的组建

（1）人员要求。具备初中以上文化程度，年龄18～55周岁，身体健康，无色盲，无不良嗜好，有较强的组织纪律观念。经培训获得烟草部门资格认证，熟悉烟叶分级操作。应优先吸纳合作社社员作为专业化分级队员。

（2）人员配置。专业分级队伍设4个岗位，分别是分级队长，分级组长、分级工、辅助工。收购量在1万担^①左右的收购线，一般采用"三工位"的方式进行分级。已运行专业分级、散叶收购2年以上、操作熟练的分级队伍可实行"二工位"的方式进行分级。实行三工位，设置分级队长1人、分级组长7人、分级工75人、辅助工5人；实行二工位的，设置分级队长1人、分级组长6人、分级工60人、辅助工5人。

（3）技能培训。专业分级队应依据站（线）或工场的收购计划确定所需分级队员人数，并按需求人数的1：1.3以上比例组织人员接受烟草部门有关烟叶分级等方面的专职培训。

（4）入队程序。参培人员在取得培训合格证后向合作社提出入队申请，经审核通过后，签订服务协议，才能成为专业分级队员。服务协议

---

① 1担=50kg。

包括工作职责、服务内容、薪酬标准和考核奖惩办法等。

二、分级队伍的管理

（1）签订协议。烟叶专业分级工作实行合同管理。一是由合作社与基地单元烟叶工作站签订烟叶专业分级服务协议，明确烟叶分级计划、进度安排、烟草部门补贴标准及结算方式、监督管理及违约责任等。二是由合作社与烟农签订服务合同，内容涉及服务地点、服务时间、服务方式、收费标准、服务费用结算方式、不合格烟叶的处理、违约责任等。

（2）服务定价。烟叶分级服务价格由合作社、烟草部门、烟农代表三方共同确定。其中，支付分级工工资标准不能低于收费总额的85%，其余的15%作为合作社管理费用。分级队长、分级组长、辅助工工资由合作社从管理费中支付。

（3）运行流程。合作社向专业分级队下达服务任务，以市场化方式运作，在规定的服务时间期限内开展烟叶的专业分级工作。其运行流程为：合作社与基地单元烟叶工作站签订服务协议→合作社与烟农签订分级服务合同→合作社将分级任务下达分级专业队→分级服务→基地单元烟叶工作站进行分级验收→将分级合格的烟叶交售入库→结账。

三、岗位职责

1）分级队长工作职责

（1）负责专业化分级队日常管理和分级场地卫生管理；

（2）负责分级设施设备运行管理与日常维护；

（3）负责组织分级队员参加各种培训；

（4）负责烟农分级合同、约时定量交售计划的审核，对待分烟叶进行排序，分级调度；

（5）负责烟叶去青去杂的检查及水分检测；

（6）负责烟叶分级数量记录、汇总，为计算劳动报酬提供依据；

（7）对分级区域、人员的安全负责。

2）分级组长工作职责

（1）负责本组分级工的日常管理；

（2）负责本组分级工工时、工效记录；

（3）负责本组分级工的分级指导，对不合格烟叶组织现场返工；

（4）验收归类本组分级的烟叶，并对质量负责，开具《分级合格通知单》。

3）分级工工作职责

（1）负责对照样品进行烟叶分级；

（2）服从分级组长、质管员的分级指导和管理；

（3）负责使用设施设备维护和工作区域卫生清洁。

4）辅助工工作职责

（1）根据分级队长调度指令，将烟农交售烟叶运至分级组；

（2）将检验合格烟叶运至收购场所；

（3）负责通道的安全和环境卫生。

四、福利保障

在开展分级服务前，要对分级队员进行一次健康体检。发放烟叶分级场所有关防尘、带电设施及机械设备的使用方法等方面的安全知识手册，配备统一的作业服装和相应的食宿条件，并开展有关如何避免危害和保护自身安全等方面的教育。做好加湿、防尘、通风、厕所等卫生安全设施设备的维护保养，确保正常使用（图9.1）。

图 9.1　分级专业队更衣室

第二节　分级设施设备配置及维护

以一个专业化分级点，每年开展专业化散叶分级 1 万担为标准进行设施设备配置。

一、功能分区及设施配置

为给等待分级的烟农和专业分级队员创造一个温馨、和谐的环境条件，每个专业分级点应设置功能相对独立的烟农休息区、烟叶初检交验区、回潮区、专业分级区、存放缓冲区和返工区，并与收购工作区相连接。各功能区域标志清晰，设施设备齐全（图9.2）。

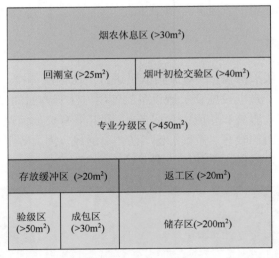

图 9.2　功能分区及设施配置

（一）烟农休息区

供烟农在等候烟叶分级期间休息、学习和观看现场分级情况使用，要求面积 30m² 以上。配置烟农休息座位 20 个以上，分级现场视频监控显示屏 1 个，电视机 1 台，多媒体播放器 1 套，饮水机或保温桶 1 个及足量的饮水杯具，在分级期间容易发生中暑、心脏病等突发疾病的急救药品服务柜 1 个，并在醒目位置张贴当地医院的急救电话、突发事件报警电话、烟叶分级质量纠纷投诉电话提示牌和提高烟叶生产技术、烟叶生产政策等宣传资料（图 9.3）。

图 9.3　烟农休息区

（二）烟叶初检交验区

供分级队长对烟农提交分级的烟叶进行初检、排序、调度使用，要求面积 40m² 以上。配置调度桌、椅各 1 张，电脑 1 台，调度信息显示屏或黑板 1 块，扩音器 1 个，快速水分检测仪 2 个，送料手推车 5 辆（规格：长×宽=1.16m×0.6m）以上（图 9.4）。

（三）回潮区

供含水量不足，达不到分级

图 9.4　烟叶水分快速检测仪

条件的干燥烟叶回潮使用，要求面积 25m² 以上，室内高度 2.2～2.5m。配置额定电压 220V、功率 290W/h、加湿量 9kg/h 的 ABS2 型离心式加湿设备 1 套，内框规格长 1m、宽 0.6m、高 0.9m 的 2 层万向轮回潮架 10 个。回潮室相对湿度控制在 90%～95%（图 9.5）。

图 9.5　烟叶回潮区

（四）专业分级区

要求使用面积 450m² 以上，环境颜色以白色或灰白色为主，严禁使用影响烟叶颜色判断的红、黄色调。分级操作区域地板宜用水泥砖砌铺，通道用水泥清光（图 9.6）。

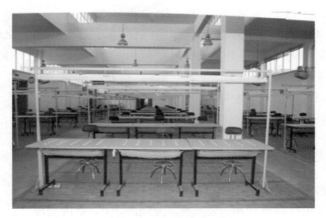

图 9.6　分级区的设施配置

（1）分级区场地布置。采取二工位分级的，配置分级台 30 张，每组分级区域占地面积 8.4m²，通道宽度 2.4m，返工区 10m²，分级区总面积 450m² 以上；采取三工位分级的，配置分级台 25 张，每组分级区域占地面积 11.2m²，通道宽度 2.4m，返工区 15m²，分级区总面积 480m² 以上。分级台前后排间距为 2.8m，其中，分级台 1m，座位 0.7m，放置塑料筐 0.8m，过道 0.3m。

（2）分级台。面板颜色为灰白色，采用圆孔式散叶分级桌为宜。二工位分级台规格为长×宽×高=3m×1m×0.8m；三工位分级台规格为长×宽×高=4m×1m×0.8m（图 9.6）。

（3）除尘、加湿设备。为保证分级区的空气湿度，减少分级过程中的烟叶造碎和降低空气中的粉尘危害，每 200m³ 配置离心式加湿设备 1 套或配置包含负压风机（规格 1.38m×1.38m、额定电压 220V、功率 1.1kW/h）的 4m² 水帘加湿器 1 台。

（4）光源配置。为保证全天候条件下开展烟叶分级工作，按 DB52/T851.3—2013 要求配置人工模拟自然光源。一套光源由一个镇流器、两根冷色调和一根暖色调的超自然模拟灯管和灯管防爆装置组成，灯管型号：冷色调为 S965/36W、暖色调为 S950/36W、灯管长度 1.2m，每个分级台（组）配置两套光源。光源安装位置距分级台桌面 1～1.2m。

（5）样品车。每个分级点配置流动样品车 2 辆。

（6）其他设备。每个分级岗位配置 1 个分级凳、2 个或 3 个分级箩筐（规格为：长×宽×高=0.8m×0.55m×0.65m）、1 个杂物桶。

（五）存放缓冲区

用于对各分级台（组）分级烟叶交售前的缓存和空闲箩筐的周转存放使用，面积不小于 20m²。

二、设施设备的维护保养

（1）开展分级业务期间，每个台（组）的分级队员负责各自使用的分级桌椅和标准光源的清洁卫生，确保干净整洁；分级队长负责所有电器设备的日常维护和使用管理，确保用电安全；辅助工负责场地卫生的清洁，装烟筐、手推车、杂物桶的使用管理，确保井然有序。

（2）设施设备闲置期间，各种设施设备由合作社委派专人进行维护管理。

a. 分级桌椅、装烟筐、手推车、杂物桶等可移动的设施，在全面清洁后，统一分类堆放，并登记造册管理，未经合作社允许，不得外借使用（图 9.7）。

(a) 分级筐　　　　　　　(b) 手推车

图 9.7　闲置期间的设备管理

b. 标准光源、视频监控系统、显示屏、加湿设备等不能移动的设施，要进行全面检修、清洁和进行防锈处理，切断电源后，统一使用防尘外套进行包裹，并登记造册管理。

c. 烟农休息区电视机、饮水机等设备，在全面检修、清洁后，切断电源，摆放到指定位置，登记造册管理，并按照使用说明书要求，定期通电运行维护。

第三节　分级操作流程

一、分级前的准备

（1）分级队长电话与烟农约定分级时间、分级数量、分级部位及去除青杂和水分等相关要求。

（2）当烟农将已去除青杂的烟叶，按照约定时间，运送至分级地点，在初检交验区由分级队长进行初检，对水分超限、青杂未去除干净的烟叶，退回烟农重新整理符合要求后，才能排序等候进行分级。

（3）分级队长将检验合格后的烟叶，按顺序分配到各分级台（组）。如果较为干燥不适宜进行分级操作的烟叶，应进入回潮室进行辅助回潮，待水分适宜后再分配到各分级台（组）。

二、分级操作流程

1. 二工位操作流程

1）第一工位

（1）去除非烟物质，丢弃在杂物桶内。

（2）将混入的青杂烟叶剔除，存放在单独的烟筐内，分级结束后统一交回烟农。

（3）分颜色。将柠檬黄、橘黄色烟叶分开，将数量较多的色组烟叶交给下一个工位进行分级。

（4）将数量较少的色组烟叶进行分级。

2）第二工位

（1）将上一工位移交的数量较多的色组烟叶进行分级。

（2）对非本色组的烟叶，退回上一工位进行分级。

2. 三工位操作流程

1）第一工位

（1）去除非烟物质，丢弃在杂物桶内；

（2）将混入的青杂烟叶剔除，存放在单独的烟筐内，分级结束后统一交回烟农（图9.8）。

2）第二工位

（1）分颜色。将柠檬黄、橘黄色烟叶分开。

（2）将数量较多的色组烟叶交给下一个工位进行分级。

（3）负责对数量较少色组烟叶进行分级。

图 9.8　分级操作流程图

3）第三工位

（1）将上一工位移交的较多色组烟叶进行分级；

（2）对非本色组的烟叶，退回上一工位进行分级。

3. 等级纯度检验

分级组长对分级工分好的烟叶进行验收，等级纯度达到80%以上的烟叶，同等级烟叶统一装筐并开具《分级合格通知单》，报请质管员检验；等级纯度低于80%的责令分级工返工，复检合格后才能开单和报请质管员检验。

4. 检验是否合格

质管员对报请检验的烟叶进行检验，筐内烟叶部位一致、颜色一致、纯度达到80%的，在《分级合格通知单》上签字确认，放入缓存区等待进行收购。检验不合格的，责令分级组返工。

参 考 文 献

陈风雷, 孙光军, 王霞, 等. 2013. 中国烟叶良好农业规范（GAP）发展现状与问题. 中国烟草科学, （10）: 5.

戴冕. 1980. 关于吸烟与健康问题和我们的任务. 烟草科技, （1）: 9.

戴毅, 陆新莉, 王柱玖, 等. 2013. 论烟草良好农业规范的基本要素. 现代农业科技, （7）: 332-335.

丁忠林, 尹俊生, 戴毅, 等. 2013. 良好农业规范和烟草 GAP 发展综述. 现代农业科技, （9）: 285-286.

樊红平, 白玲, 牟少飞, 等. 2007. 欧美良好农业规范（GAP）比较及对中国的启示. 世界农业, （2）: 25-27.

郭兰萍, 张燕, 朱寿东, 等. 2014. 中药材规范化生产（GAP）10 年: 成果, 问题与建议. 中国中药杂志, （39）: 1143.

郭怡卿, 戴勋, 张光煦, 等. 2012. 有机烟草生产与烟叶质量安全性. 云南农业科技, （4）: 57-60.

侯传伟, 王安建, 魏书信. 2008. 解决食品质量安全的有效途径——实施良好农业规范（GAP）. 食品科技, （33）: 193-196.

黄洁夫. 2012. 烟草危害与烟草控制. 北京: 新华出版社.

黄敏, 朱臻. 2010. 欧盟低碳农业实践探讨——以良好农业规范（GAP）为例. 世界农业, （4）: 13-16.

姜宏. 2005. 主要发达国家制定的农产品良好农业规范. 中国质量认证, （11）: 67.

孔劲松. 2011. 烟草 GAP 管理探讨. 现代农业科技, （21）: 109-112.

雷茂良, 程金根. 1988. 全球转基因植物发展现状. 生物技术通报, （6）: 30-32.

李春桥, 皮红琼, 朱耀武, 等. 2004. 陆良县烟叶生产推行 GAP 管理的做法与成效. 甘肃农业科技, （5）: 52-54.

李统帅, 宫长荣. 2008. 烟草调制减害技术的研究进展. 中国农学通报, （24）: 190-193.

梁永江, 李明海, 吴洪田, 等. 2005. 构建遵义烟叶生产与发展的质量保证体系. 中国烟草科学, （4）: 37-39.

刘万峰, 王元英. 2002. 烟叶中烟草特有亚硝胺（TSNA）的研究进展. 中国烟草科学, （23）: 11-14.

卢振辉, 田小明. 2006. 良好农业规范与认证: 农产品安全保障体系的基石. 杭州农业科技,（2）：23-25.

鲁春林. 2005. 再谈"吸烟与健康"问题. 中国烟草学报,（8）：44-45.

吕婕, 吕青, 李成德. 2009. 良好农业规范（GAP）的现状及应用研究. 安徽农业科学,（37）：5812-5813.

马剑雄, 王洪云, 常剑, 等. 2008. 有机烟叶及其生产地的评估研究. 西南农业学报,（21）：1256-1261.

马京民. 2008. 烟草 GAP 生产管理要点. 河南农业科学,（10）：55-57.

孟凡乔, 周鑫, 尹北直. 2005. 欧洲良好农业操作规范（EUREP GAP）介绍. 蔬菜,（5）：13-14.

牟少飞, 朱彧, 樊红平. 2007. 亚太地区各国实施良好农业操作规范（GAP）概况及启示. 农业质量标准,（3）：15-16.

彭洪斌, 朱鸿杰, 何成芳. 2007. 浅谈良好农业规范（GAP）认证. 现代农业科技,（9）：180.

曲延平, 王汝轲, 丁辰. 2007. 推广中国良好农业规范（CHINAGAP）从源头控制农产品质量. 中国果菜,（5）：5-6.

邵晓丽. 2014. 烤烟良好农业规范（GAP）认证探索与实践. 现代农业科技,（4）：302.

邵晓丽, 杨明, 张如阳, 等. 2011. 良好农业规范在烟草种植中的应用. 现代农业科技,（15）：97-98.

史宏志, 刘国顺, 常思敏, 等. 2011. 烟草重金属研究现状及农业减害对策. 中国烟草学报,（15）：89-94.

唐茂芝, 乔东, 葛红梅, 等. 2012. 世界主要国家良好农业规范标准体系比较与借鉴研究. 中国标准化,（2）：77-81.

王娜. 2003. 烤烟烟叶中烟草特有亚硝胺（TSNA）及其前体物质积累规律的研究. 郑州：河南农业大学.

王汝轲, 曲延平, 丁辰. 2007. 好农业规范（GAP）的起源与发展. 中国果菜,（4）：54.

王昕, 徐捷, 张韵, 等. 2009. 良好农业规范（GAP）及其对中国农业的启示. 江苏农业科学,（3）：427-429.

王宇, 沈文星. 2014. 国内外转基因作物发展状况比较分析. 江苏农业科学,（42）：6-9.

谢玉文, 黄素辉. 1990. 烟草特性及吸烟的危害. 化学教育,（5）：5.

徐丽丽, 田志宏. 2014. 欧盟转基因作物审批制度及其对我国的启示. 中国农业大学学报,（3）：1-10.

薛杨, 付陈梅, 王成秋, 等. 2009. 全球良好农业规范的变迁和发展. 食品工业科技,（3）：342-343.

闫克玉, 王建民, 姚二民, 等. 2006. 卷烟烟气气相中的有害物质及其减少措施. 郑州轻工业学院学报：自然科学版，（20）：15-18.

《烟叶技术》编写组. 2012. 烟叶技术（全国烟草行业统编培训教材）. 北京：北京出版社.

杨焕文，李永忠. 1998. 烟草特有的 N-亚硝胺形成，积累及其影响因素. 烟草科技，（4）：31-34.

杨映辉. 2005. 良好农业操作规范及其在我国实施的可行性. 农业质量标准，（5）：29-31.

叶为全. 2012. 《烟草控制框架公约》对烟草业的影响. 经济论坛，（7）：108-120.

曾凡海，李卫，周冀衡，等. 2010. 烟草特有亚硝胺（TSNA）的研究进展. 中国农学通报，（26）：82-86.

张长华，赵红枫，胡伟，等. 2013. 烟叶原料中主要非烟物质的成因分析. 中国烟草科学，（2）：1.

张艳玲，周汉平. 2004. 烟草重金属研究概述. 烟草科技，（12）：271.

赵冰，李春松，闫克玉，等. 2006. 卷烟烟气粒相中有害物质的形成，危害及其减少措施. 郑州轻工业学院学报：自然科学版，（21）：35-39.

赵元宽. 2003. 推行 GAP 管理是中国烟叶生产的必由之路. 烟草科技，（11）：3-7.

周顺利，周丽丽，肖相芬，等. 2009. 良好农业规范（GAP）及其在中国作物安全生产中的应用现状与展望. 中国农业科技导报，（5）：42-48.

朱贵川，宋泽民，陆新莉，等. 2013. 论中国烟草良好农业规范的基本原则. 中国农学通报，（29）：209-212.

朱鸿杰. 2009. 有机烟草研究现状与发展趋势. 安徽农学通报，（15）：128-129.

Amekawa Y. 2009. Reflections on the growing influence of good agricultural practices in the global south. Journal of Agricultural and Environmental Ethics，（22）：531-557.

Campbell H. 2005. The rise and rise of EUREPGAP：European（re）invention of colonial food relations. International Journal of Sociology of Agriculture and Food，（13）：6-19.

Franz C M. 1988. Good agricultural practice（GAP）for medicinal and aromatic plant production. International Symposium on Heavy Metals and Pesticide Residues in Medicinal. Aromatic and Spice Plants，（249）：125-128.

Hayashi K，Gaillard G，Nemecek T. 2006. Life cycle assessment of agricultural production systems：current issues and future perspectives//Good agricultural practice（GAP）in Asia and Oceania. Taipei：Food and Fertilizer Technology Center，98-110.

Knickel K. 1999. Defining "good agricultural practice（GAP）" in terms of biodiversity and nature protection objectives. Sustainable Landuse Management-the Challenge of Ecosystem Protection，EcoSys-Beiträge zur Ökosystemforschung，Suppl. Bd 28，

169-178.

Trienekens J, Zuurbier P. 2008. Quality and safety standards in the food industry, developments and challenges. International Journal of Production Economics,（113）: 107-122.